실무로 보는 실버세대 영양길잡이

노인용 식품성분표

(주)교 문 사

발 간 사

경제 발전에 따른 삶의 질 향상, 보건의료기술의 발달 및 충분한 영양 공급 등으로 인간의 평균수명이 연장되면서 2010년 현재 65세 이상의 인구비중이 10.7%로 고령화 사회로 전환되고 있습니다. 이와 더불어 길어진 노년기를 건강하게 즐기며 지내고자 하는 것은 모든 국민들의 염원입니다. 그러나 오늘날의 풍요로운 영양 공급과 활동량의 감소는 비만과 함께 만성질환의 발생을 높이는 원인이 되고 있어 현대 사회에서는 영양소 결핍에 의한 건강상의 문제보다는 동물성지방, 나트륨 등의 과잉 섭취로 생활습관병 발생이 증가하고 건강수명이 단축되고 있는 실정입니다. 따라서 건강하게 오래 살기 위해서는 균형 있는 필수 영양소 섭취, 적절한 에너지 조절, 꾸준한 운동 등 규칙적인 식생활을 하는 것이 아주 중요합니다.

농촌진흥청에서는 소비자 맞춤형 식품성분표 개발의 일환으로 성인용, 어린이용에 이어 노인용 식품성분표 『실물로 보는 실버세대 영양길잡이』를 발간하게 되었습니다. 노인용 식품성분표는 노인의 균형 있는 영양섭취를 통한 건강관리와 올바른 식습관 정립을 위해 2008년 '국민건강영양조사'와 '식품성분표(제7개정판)'를 바탕으로 노인이 자주 섭취하는 식품 및 음식 253종을 선정하여 1인 1회 섭취분량과 영양가, 실측 크기 사진을 수록함으로써 실생활에 활용하기 쉽도록 하였습니다.

이 책이 노인을 위한 식생활 관리와 식품영양에 관심 있는 소비자와 관련 분야에 종사하는 많은 분들이 활용하여 우리가 자주 상용하고 있는 식품과 음식에 대한 영양정보 및 기본 지식을 습득하고 이해하는 데 큰 도움이 되기를 기대하는 바입니다.

본 책자가 발간되기까지 많은 도움을 주신 대한지역사회영양학회 김영옥 회장님과 김숙배, 김미현, 김순경 교수님 및 많은 관계자분들께 깊은 감사의 말씀을 드립니다.

2010년 12월

국립농업과학원장

정광용

Contents

건강을 유지하는 식생활

1. 건강한 식생활

- **식품에는 건강을 유지시키는 여러 가지 성분이 들어 있는데, 이를 영양소라고 합니다. 영양소는 크게 탄수화물, 지방, 단백질, 무기질과 비타민으로 나눌 수 있습니다.**
  - ▸ 탄수화물은 힘을 내는 데 필요합니다.
  - ▸ 단백질은 힘을 내고, 근육을 만들고, 우리 몸의 면역력을 높이는 데 필요합니다.
  - ▸ 지방은 힘을 내고 체온을 유지하는 데 필요합니다.
  - ▸ 비타민은 다른 영양소들의 대사를 도와주고, 우리 몸의 면역력을 높이는 데 필요합니다.
  - ▸ 무기질은 뼈와 치아를 만드는 데 필요합니다.
- **식품을 골고루 먹어 탄수화물, 지방, 단백질, 무기질, 비타민을 균형 있게 섭취하는 것이 건강한 식생활입니다.**
  - ▸ 특정 영양소를 너무 적게 섭취하거나, 많이 섭취하는 경우 만성질환에 걸릴 수 있습니다.

2. 5가지 영양소 및 급원식품

▶ **표 1** 5가지 영양소와 급원식품

영양소		급원식품 / 기능
탄수화물 곡류군	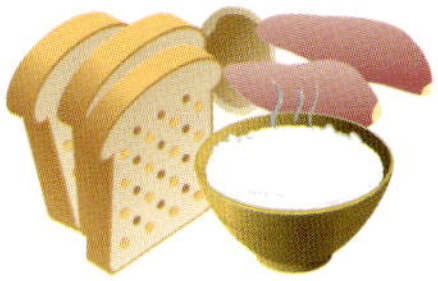	밥, 빵, 국수, 고구마, 감자 힘을 냄
단백질 어류·육류군		고기, 콩, 생선, 달걀, 두부 힘을 냄 / 근육 만듦 / 면역력 높임
지 방 유지류		마가린, 버터, 식용유, 참기름 힘을 냄 / 체온을 유지함
무기질(칼슘) 우유 및 유제품군		우유, 요구르트, 두유 골격과 치아를 만듦
비타민 과일·채소군		사과, 귤, 배추, 당근 다른 영양소대사 도와줌 / 면역력 높임

3. 노인 영양섭취기준

- 노인의 건강이 가장 좋은 상태로 유지될 수 있는 에너지를 비롯한 영양섭취기준입니다.
  - ▶ 우리나라 노인의 영양섭취기준은 65~74세와 75세 이상으로 나누어 정해져 있습니다.

▶ **표 2** 노인 영양섭취기준

성별	남자		여자	
나이	65~74세	75세 이상	65~74세	75세 이상
에너지[1] (kcal)	2,000	2,000	1,600	1,600
단백질[2] (g)	50	50	45	45
식이섬유[3] (g)	25	25	20	20
칼슘[2] (mg)	700	700	700	700
인[2] (mg)	700	700	700	700
나트륨[4] (mg)	2,000	2,000	2,000	2,000
철[2] (mg)	9	9	8	8
비타민 A[2] (μgRE)	700	700	600	600
비타민 B_2[2] (mg)	1.5	1.5	1.2	1.2
비타민 C[2] (mg)	100	100	100	100

1) 필요추정량, 2) 권장섭취량, 3) 충분섭취량, 4) 목표섭취량

(자료 : 한국인 영양섭취기준, 2010)

4. 노인을 위한 식생활 지침

- 좋은 식습관을 가지는 것은 만성질환 예방에 중요합니다.
- 만성질환 예방 및 증상 개선을 위해 '어르신을 위한 식생활 지침(보건복지부, 2010)'에 따라 올바른 식사법을 익히고 실천하는 것이 필요합니다.

- 어르신을 위한 식생활 지침

▶ 각 식품군을 매일 골고루 먹자

- 고기, 생선, 달걀, 콩 등의 반찬을 매일 먹습니다.
- 다양한 채소 반찬을 매끼 먹습니다.
- 다양한 우유 제품과 두유를 매일 먹습니다.
- 신선한 제철 과일을 매일 먹습니다.

▶ 짠 음식을 피하고 싱겁게 먹자

- 음식을 싱겁게 먹습니다.
- 국과 찌개의 국물을 적게 먹습니다.
- 음식에 소금이나 양념을 더 넣지 않습니다.

▶ 식사는 규칙적이고 안전하게 하자

- 세끼 식사를 꼭 먹습니다.
- 외식할 때는 영양과 위생을 고려하여 선택합니다.
- 오래된 음식을 먹지 않고, 신선하고 청결한 음식을 먹습니다.
- 식사로 건강을 지키고 식이보충제가 필요한 경우는 신중히 선택합니다.

▶ 물은 많이 마시고 술은 적게 마시자

- 목이 마르지 않더라도 물을 자주 충분히 마십니다.
- 술은 하루 1잔을 넘기지 않습니다.
- 술을 마실 때에는 반드시 다른 음식과 같이 먹습니다.

▶ 활동량을 늘리고 건강한 체중을 갖자

- 앉아 있는 시간을 줄이고 가능한 한 많이 움직입니다.
- 건강한 체중을 알고 나의 체중이 되도록 노력합니다.
- 매일 최소 30분 이상 숨이 찰 정도로 유산소 운동을 합니다.
- 일주일에 최소 2회, 20분 이상 힘이 들 정도로 근육 운동을 합니다.

5. 에너지(열량) 이야기

· **우리 몸이 먹은 음식으로 만들어 내는 힘을 에너지 또는 열량이라고 합니다.**

- 에너지는 우리가 활동하거나 운동하는 데 쓰입니다.
- 에너지를 나타내는 단위는 칼로리(kcal)입니다.
- 에너지를 내는 영양소는 탄수화물, 단백질, 지방입니다.
- 탄수화물과 단백질은 1g에 4kcal, 지방은 1g에 9kcal의 에너지를 냅니다.
(지방은 탄수화물이나 단백질보다 2배 이상의 에너지를 냅니다.)

6. 비만과 건강 이야기

· **에너지 섭취량이 필요량보다 많으면 남은 에너지가 우리 몸에 지방으로 쌓여 비만이 됩니다. 건강을 위해 열량, 지방, 당류 섭취를 줄이는 것이 바람직합니다.**

▸ 비만 예방을 위한 식사 지침

- 식사를 천천히 한다.
- 하루 세끼 규칙적인 식사를 하고, 간식은 1~2회로 제한한다.
- 동물성 지방 및 콜레스테롤이 많은 음식(삼겹살, 사골국, 갈비)을 적게 먹는다.
- 채소를 충분히 먹는다.
- 당류, 지방이 많이 함유된 간식(과자, 케이크)을 삼간다.

▸ 가공식품을 구입할 때 영양성분표를 반드시 확인하여 열량이 적은 식품을 선택합니다.

1 영양성분

1회 분량 1개 (122ℓ) / 총 1회 분량 (122g)

1회 분량당 함량		% 영양소 기준치
열량	515kcal	
탄수화물	80g	24%
식이섬유	00g	00%
당류	35g	
단백질	11g	18%
지방	17g	34%
포화지방	7g	47%
트랜스지방	00g	
콜레스테롤	00mg	00%
나트륨	2370mg	117%
칼슘	200mg	29%

% 영양소 기준치 : 1일 영양소 기준치에 대한 비율

꼼꼼히 들여다 보세요!

7. 지방과 건강 이야기

· **지방은 우리 몸에 꼭 필요한 영양소이지만 많이 먹으면 비만·고혈압·고지혈증 등의 질병에 걸리기 쉬우므로 건강을 지키기 위해 지방 섭취를 줄이는 것이 바람직합니다.**

▸ 지방 섭취를 낮추는 식사지침

- 밥과 국으로 된 한식으로 골고루 먹는다.
- 고기류는 기름을 제거하고, 닭고기는 껍질과 기름을 제거하고 먹는다.
- 우유를 마실 때 저지방 또는 무지방 우유로 마신다.
- 튀김, 볶음 조리법보다는 굽기, 무치기 조리법을 활용한다.
- 견과류는 지방 함량이 높으므로 하루에 땅콩 20알 또는 호두 1알 또는 아몬드 7알 정도 먹도록 한다.

▸ 가공식품을 구입할 때 영양성분표를 반드시 확인하여 지방이 적은 식품을 선택합니다.

2 영양성분

1회 분량 1개 (122ℓ) / 총 1회 분량 (122g)

1회 분량당 함량		% 영양소 기준치
열량	515kcal	
탄수화물	80g	24%
식이섬유	00g	00%
당류	35g	
단백질	11g	18%
지방	17g	34%
포화지방	7g	47%
트랜스지방	00g	
콜레스테롤	00mg	00%
나트륨	2,370mg	117%
칼슘	200mg	29%

% 영양소 기준치 : 1일 영양소 기준치에 대한 비율

꼼꼼히 들여다 보세요!

8. 콜레스테롤과 건강 이야기

- **콜레스테롤은 혈관 벽에 쌓여 고혈압, 고지혈증 등의 질병을 유발시킬 수 있습니다.**
  건강을 위해 콜레스테롤 섭취를 줄이는 것이 바람직합니다.
  건강을 위한 한국인의 콜레스테롤의 목표 섭취량은 하루 300mg 미만입니다.

▸ 콜레스테롤 섭취를 낮추는 생활지침

- 콜레스테롤이 많은 식품(간, 곱창, 오징어, 새우, 명란젓, 달걀 노른자 등)의 섭취를 줄인다.
- 기름이 많은 식품(삼겹살, 갈비, 사골국, 닭껍질, 생크림, 초콜릿 등)의 섭취를 줄인다.
- 콜레스테롤 수치를 낮추는 식이섬유를 충분히 섭취하며, 매 끼니마다 2~3가지 채소를 섭취한다.
- 콜레스테롤 수치를 낮추기 위해 식이섬유가 풍부한 잡곡밥을 섭취한다.
- 체중 감량은 콜레스테롤 수치를 낮추므로 올바른 식사와 매일 걷기 운동이 중요하다.

▸ 가공식품을 구입할 때 영양성분표를 반드시 확인하여 콜레스테롤이 적은 식품을 선택합니다.

3 영 양 성 분

1회 분량 1개 (122ℓ) / 총 1회 분량 (122g)

1회 분량당 함량		% 영양소 기준치
열량	515kcal	
탄수화물	80g	24%
식이섬유	00g	00%
당류	35g	
단백질	11g	18%
지방	17g	34%
포화지방	7g	47%
트랜스지방	00g	
콜레스테롤	00mg	00%
나트륨	2,370mg	117%
칼슘	200mg	29%

% 영양소 기준치 : 1일 영양소 기준치에 대한 비율

꼼꼼히 들여다 보세요!

건강을 유지하는 식생활

9. 칼슘과 건강 이야기

· 칼슘은 뼈와 치아를 만드는 중요한 영양소입니다.
튼튼한 뼈와 치아를 위해 충분한 칼슘 섭취가 필요합니다.

▸ 칼슘 섭취를 높이는 생활지침

- 우유를 매일 마신다.
- 콩, 두부, 멸치를 즐겨 먹는다.
- 짜게 먹으면 칼슘의 배설량이 증가하므로 짜게 조리하지 않는다.
- 칼슘 흡수를 방해하는 가공식품, 인스턴트 식품, 탄산음료를 삼간다.
- 뼈의 건강을 위해 하루 15분 이상 야외 활동을 한다.

▸ 가공식품을 구입할 때 영양성분표를 반드시 확인하여 칼슘이 충분한 식품을 선택합니다.

4 영양성분

1회 분량 1개 (122ℓ) / 총 1회 분량 (122g)

1회 분량당 함량		% 영양소 기준치
열량	515kcal	
탄수화물	80g	24%
식이섬유	00g	00%
당류	35g	
단백질	11g	18%
지방	17g	34%
포화지방	7g	47%
트랜스지방	00g	
콜레스테롤	00mg	00%
나트륨	2,370mg	117%
칼슘	200mg	29%

% 영양소 기준치 : 1일 영양소 기준치에 대한 비율

꼼꼼히 들여다 보세요!

10. 나트륨과 건강 이야기

· **소금의 주성분인 나트륨은 우리 몸에 꼭 필요한 영양소지만 많이 먹으면 혈압을 높입니다. 건강을 위해 하루 나트륨 2,000mg(소금 5g) 이하로 섭취하는 것이 바람직합니다.**

▸ 소금(나트륨) 섭취를 낮추는 식사지침

- 국이나 찌개의 국물은 되도록 남긴다.
- 김치, 장아찌, 젓갈류의 섭취를 줄인다.
- 채소는 포타슘(칼륨)을 많이 함유하여 소변을 통해 나트륨 배설을 도우므로 매끼 2~3가지 섭취한다.
- 조리 시 소금이 적게 들어가는 조리법을 사용한다.
  (조림대신 찜으로, 구이는 소금 간을 하지 않고 구워서 간장 또는 레몬즙을 찍어서 먹는다)
- 소금, 간장, 된장, 고추장 등의 사용을 줄이고 고춧가루, 후춧가루, 겨자, 식초 등의 향신료를 이용한다.

▸ 가공식품을 구입할 때 영양성분표를 반드시 확인하여 나트륨이 적은 식품을 선택합니다.

5 영 양 성 분

1회 분량 1개 (122ℓ) / 총 1회 분량 (122g)

1회 분량당 함량		% 영양소 기준치
열량	515kcal	
탄수화물	80g	24%
식이섬유	00g	00%
당류	35g	
단백질	11g	18%
지방	17g	34%
포화지방	7g	47%
트랜스지방	00g	
콜레스테롤	00mg	00%
나트륨	2,370mg	117%
칼슘	200mg	29%

% 영양소 기준치 : 1일 영양소 기준치에 대한 비율

꼼꼼히 들여다 보세요!

책자 "실물로 보는 실버세대 영양길잡이" 참고문헌

1. 건강한 식생활

(영양과 건강 이야기, 최혜미 외 11인, 라이프사이언스, 2006)

2. 5가지 영양소 및 급원식품

(영양과 건강 이야기, 최혜미 외 11인, 라이프사이언스, 2006)

3. 노인 영양섭취기준

(한국인 영양섭취기준, 보건복지부·한국영양학회·식품의약품안전청, 2010)

4. 노인을 위한 식생활 지침

(한국인을 위한 식생활 지침, 보건복지부, 2010)

5. 에너지(열량) 이야기

(영양과 건강 이야기, 최혜미 외 11인, 라이프사이언스, 2006)

6. 비만과 건강 이야기

(영양과 건강 이야기, 최혜미 외 11인, 라이프사이언스, 2006)

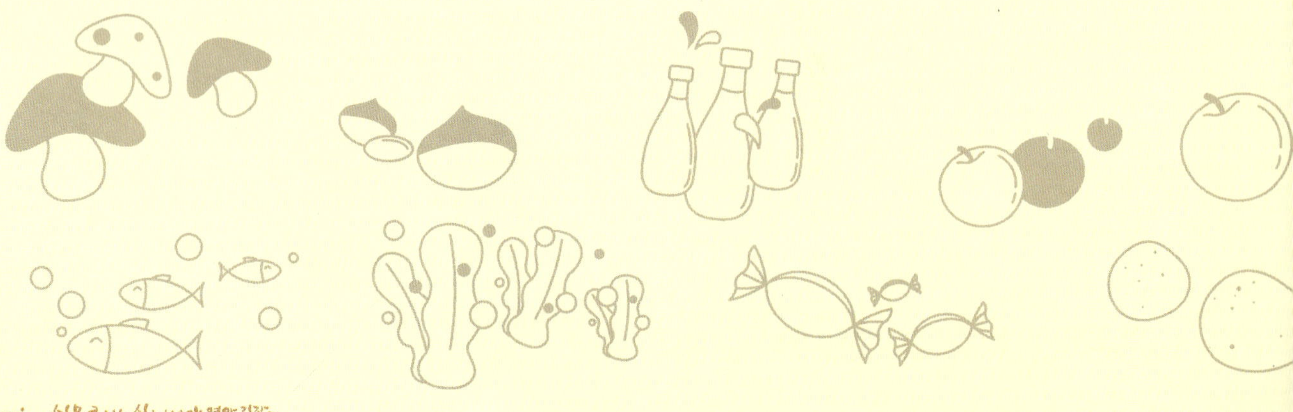

7. 지방과 건강 이야기

(당, 나트륨, 트랜스지방 저감화 영양교육사이트
http://nutrition.kfda.go.kr/nutrition/hesalkids/, 식품의약품안전청 영양정책과)

8. 콜레스테롤과 건강 이야기

(영양과 건강 이야기, 최혜미 외 11인, 라이프사이언스, 2006)

9. 칼슘과 건강 이야기

(영양과 건강 이야기, 최혜미 외 11인, 라이프사이언스, 2006)

10. 나트륨과 건강 이야기

(당, 나트륨, 트랜스지방 저감화 영양교육사이트
http://nutrition.kfda.go.kr/nutrition/hesalkids/, 식품의약품안전청 영양정책과)

책자 "실물로 보는 실버세대 영양길잡이" 활용 방법

◎ 책자의 구성 이해

본 책은 이렇게 구성되어 있습니다.

- 우리나라 65세 이상 노인의 상용 식품(161종)과 상용 음식(92종)에 대하여 식품과 음식 부분으로 나누어 실물크기 사진과 주요 영양소의 함량을 제시하였습니다.

1인 1회 섭취분량 | **4g**

에너지	탄수화물	단백질	지질	비타민 A	비타민 B_2	비타민 C
22kcal	0g	3g	0.1g	0μgRE	0mg	0mg
나트륨	**식이섬유**	**칼슘**	**콜레스테롤**	**소금**	**인**	**철**
0.2mg (0%)	0.4g (1.6%)	0.6mg (0.1%)	0mg (0%)	0g	9mg	0.1mg

- 함량이 표시된 영양소는 열량, 탄수화물, 단백질, 지질, 식이섬유, 칼슘, 인, 철, 나트륨, 소금(함유된 나트륨의 함량을 소금량으로 환산하여 나타낸 것임), 비타민 A, 비타민 B_2, 비타민 C 등 총 14종입니다.

- 노인에서 섭취를 늘려야 할 식이섬유와 칼슘, 섭취를 줄여야 할 나트륨과 콜레스테롤에 대해서는 권장기준과 비교하여 섭취 기여율(%)을 하단에 표기하였습니다.

- 섭취 기여율 산정 시 나트륨은 목표섭취량인 2,000mg으로, 식이섬유는 충분섭취량인 25g, 칼슘은 권장섭취량인 700mg, 콜레스테롤은 목표섭취량인 300mg을 기준으로 사용하였습니다.

◎ 본 책자 활용 방법 예

본 책은 하루 동안 섭취한 식사의 적절성을 평가하거나, 바람직한 식사를 계획하는 데 활용할 수 있습니다.

• **1단계 : 식사의 기록**

하루 동안 섭취한 식사의 적절성을 평가하는 첫 단계는 본인이 섭취한 식단을 적는 것입니다.

다음은 67세의 여자 노인이 하루 동안 섭취한 식단의 예입니다.

아침식사

콩밥, 동태찌개, 두부부침, 멸치풋고추볶음, 배추김치

점심식사

현미밥, 된장국, 조기구이, 콩나물, 열무김치

오후간식

찰시루떡, 두유

저녁식사

쌀밥, 된장찌개, 깻잎장아찌, 삼겹살구이, 상추, 쌈장

책자 "실물로 보는 실버세대 영양길잡이" 활용 방법

• 2단계 : 하루 동안 섭취한 음식의 영양성분을 계산

섭취한 음식의 해당 페이지를 찾아 영양소 함량을 적고, 하루 동안 섭취한 영양소의 함량을 합산합니다.

음식명	에너지 (kcal)	탄수화물 (g)	단백질 (g)	지질 (g)	나트륨 (mg)	식이섬유 (g)	칼슘 (mg)	콜레스테롤 (mg)	비타민A (μgRE)	비타민B_2 (mg)	비타민C (mg)	인 (mg)	철 (mg)
아침식사													
콩밥	361	75.4	8.3	1.8	59.3	2.6	20.8	0.0	0.0	0.1	0.0	173.3	1.0
동태찌개	55	4.0	8.1	1.1	338.9	1.5	48.5	29.0	59.2	0.1	6.9	112.9	0.7
두부부침	49	0.6	4.3	3.8	96.6	1.1	58.0	0.0	0.0	0.0	0.0	64.4	0.7
멸치풋고추볶음	9	0.6	0.8	0.3	57.5	0.2	23.5	2.0	0.0	0.0	2.0	28.4	0.3
배추김치	5	1.2	0.6	0.2	343.8	0.9	14.1	0.0	14.4	0.0	4.2	17.4	0.2
점심식사													
현미밥	240	50.9	5.5	1.1	34.8	1.8	12.4	0.0	0.0	0.1	0.0	117.1	0.7
된장국	38	4.7	3.2	1.1	698.2	1.2	42.5	0.1	7.4	0.1	8.0	56.0	1.3
조기구이	26	0.0	4.0	1.0	111.4	0.0	8.0	14.6	1.8	0.0	0.2	38.6	0.2
콩나물	16	1.8	2.1	0.8	96.9	1.4	16.7	0.0	9.9	0.0	2.4	28.8	0.6
열무김치	13	3.0	1.1	0.2	217.7	1.2	40.6	0.0	208.3	0.1	9.8	17.9	0.7
오후간식													
찰시루떡	186	38.8	5.1	0.3	217.5	3.8	24.0	0.0	0.0	0.1	0.0	0.0	0.0
두유	133	8.9	8.4	6.8	256.5	2.8	32.3	0.0	0.0	0.1	0.0	100.7	1.3
저녁식사													
쌀밥	322	70.9	5.5	0.4	57.2	0.4	3.5	0.0	0.0	0.0	0.0	121.3	0.3
된장찌개	22	2.3	1.9	0.8	327.8	0.8	26.1	0.1	8.9	0.0	3.3	32.7	0.2
깻잎장아찌	7	1.5	0.7	0.1	114.4	0.7	25.2	0.0	184.6	0.1	1.9	13.6	0.4
삼겹살구이	286	0.3	14.9	24.6	429.7	0.0	7.4	55.3	5.2	0.3	0.9	114.1	0.6
상추	2	0.4	0.3	0.0	4.7	0.3	16.0	0.0	3.0	0.0	2.4	3.8	0.4
쌈장	19	3.0	1.0	0.5	328.8	0.5	6.8	0.0	5.5	0.0	0.0	17.1	0.2
합계	1,791	268.4	75.8	44.8	3,791.7	21.3	426.5	101.1	508.2	1.0	41.9	1,057.9	10.5

• 3단계 : 노인 영양섭취 기준량과의 비교

섭취한 음식의 영양성분과 노인 영양섭취기준(표 2 참조)과 비교합니다.
예시로 제시된 식단에 대하여 권장기준에 대한 섭취율을 평가하여 보면 다음과 같습니다.

영양소	에너지	단백질	나트륨	식이섬유	칼슘	콜레스테롤	비타민 A	비타민 B_2	비타민 C	인	철
권장기준에 대한 섭취율 (%)	112	169	190	85	61	34	85	87	42	151	131

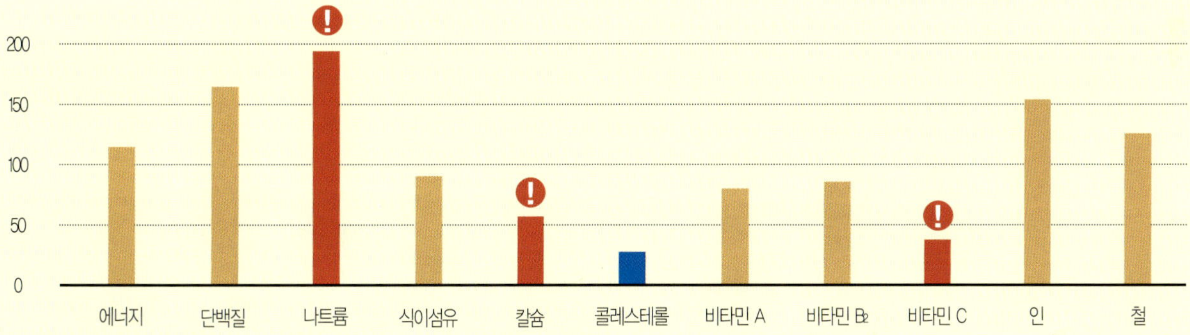

권장기준에 대한 섭취율을 평가한 결과를 해석하여 보면 다음과 같습니다.

- 섭취율 평가 결과 칼슘과 비타민 C를 권장기준의 75% 미만으로 섭취하셨습니다. 따라서 **칼슘과 비타민 C가 많은** 식품의 섭취가 필요할 것으로 평가됩니다.
- 콜레스테롤의 섭취에 있어서는 양호하나 **나트륨의 섭취는 과도**하여 나트륨이 적은 식품의 섭취가 필요할 것으로 평가됩니다.

책자 "실물로 보는 실버세대 영양길잡이" 활용 방법

· 4단계 : 문제가 되는 영양소를 보완하기 위해 다른 음식으로 바꾸어 보기

식단의 평가 결과에 따라 문제가 되는 영양소를 줄이거나 늘릴 수 있도록 음식을 조정하여 봅니다.

- 예로 제시된 식단의 경우 나트륨의 권장기준(2,000mg)에 대한 섭취율을 비교해 보면 190%로 상당히 높 습니다.
- 활용 2단계에 제시된 표를 보면 국이나 찌개류의 나트륨 함량이 높으므로 국과 찌개류의 섭취를 줄이고, 나트륨 함량이 낮은 반찬류를 첨가하여 나트륨의 섭취량을 조절할 수 있습니다.
- 따라서 나트륨 섭취를 줄이기 위해 한 가지 예를 들면, 깻잎장아찌를 오이 또는 당근으로 바꾸게 되면 나트륨 섭취를 줄일 수 있습니다.

저녁식사
쌀밥, 된장찌개, 깻잎장아찌, 삼겹살구이, 상추, 쌈장

저녁식사
쌀밥, 된장찌개, 오이, 삼겹살구이, 상추, 쌈장

▸ 예로 제시된 식단의 경우 칼슘의 권장기준(700mg)에 대한 섭취율을 비교해 보면 61%로 낮습니다.

▸ 따라서 칼슘 섭취를 늘리기 위해 한 가지 예를 들면, 간식으로 섭취한 두유를 칼슘이 강화된 두유 또는 우유로 바꾸게 되면 약 180mg 정도의 칼슘을 더 섭취할 수 있습니다.

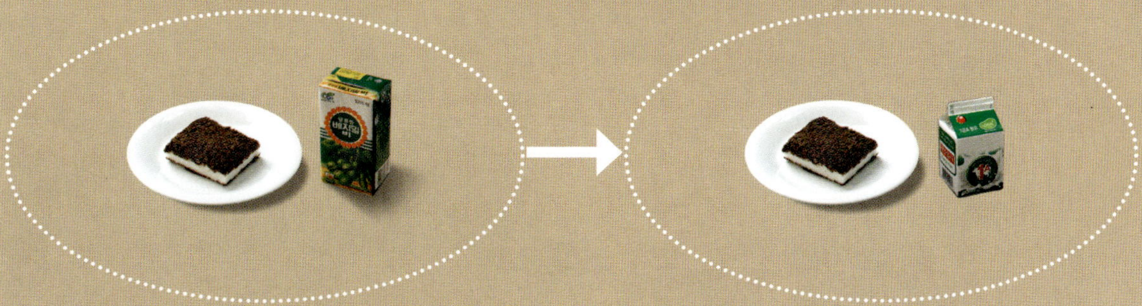

오후간식
찰시루떡, 두유

오후간식
찰시루떡, 우유

곡류 및 그 제품

2 기장 · 3 백미 · 4 보리

5 수수 · 6 조 · 7 찹쌀

8 현미 · 9 가래떡 · 10 국수

11 단팥방 · 12 도토리묵 · 13 밀가루

14 백설기 · 15 부침가루 · 16 비스킷(소프트)

17 식빵 · 18 인절미 · 19 찰시루떡

기장

평면접시(대)
용기크기(단위 : cm)

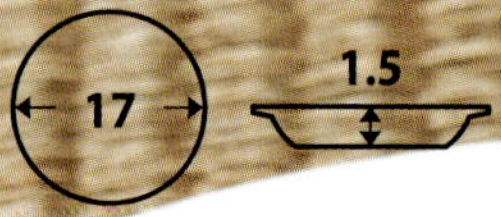

1인 1회 섭취분량 | **4g**

에너지	탄수화물	단백질	지질	비타민 A	비타민 B_2	비타민 C
15kcal	3.0g	0.4g	0.1g	0μgRE	0mg	0mg
나트륨	**식이섬유**	**칼슘**	**콜레스테롤**	**소금**	**인**	**철**
0.2mg (0%)	0.4g (1.6%)	0.6mg (0.1%)	0mg (0%)	0g	9.0mg	0.1mg

백미

평면접시(대)
용기크기(단위 : cm)

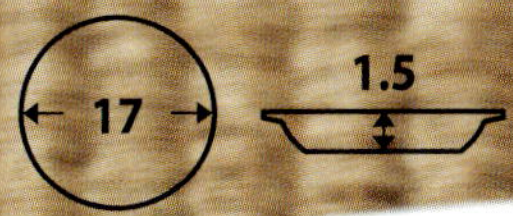

1인 1회 섭취분량 | **75g**

에너지	탄수화물	단백질	지질	비타민 A	비타민 B_2	비타민 C
279kcal	61.4g	4.8g	0.4g	0μgRE	0mg	0mg
나트륨	**식이섬유**	**칼슘**	**콜레스테롤**	**소금**	**인**	**철**
49.5mg (2.5%)	0.4g (1.5%)	3.0mg (0.4%)	0mg (0%)	0.1g	105.0mg	0.3mg

보리

평면접시(대)
용기크기(단위 : cm)

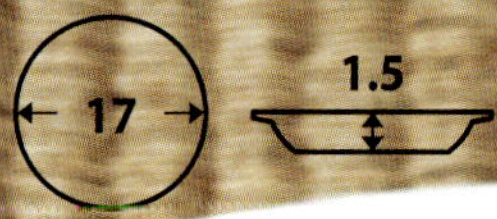

1인 1회 섭취분량 | 10g

에너지	탄수화물	단백질	지질	비타민 A	비타민 B_2	비타민C
34kcal	7.7g	0.9g	0.1g	0㎍RE	0mg	0mg
나트륨	**식이섬유**	**칼슘**	**콜레스테롤**	**소금**	**인**	**철**
0.3mg (0%)	0.7g (3.0%)	3.0mg (0.4%)	0mg (0%)	0g	19.0mg	0.2mg

수수

평면접시(대)
용기크기(단위 : cm)

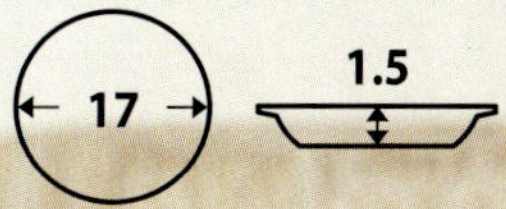

1인 1회 섭취분량 | **3g**

에너지	탄수화물	단백질	지질	비타민 A	비타민 B2	비타민 C
11kcal	2.2g	0.3g	0.1g	0μgRE	0mg	0mg

나트륨	식이섬유	칼슘	콜레스테롤	소금	인	철
0.1mg (0%)	0.1g (0.5%)	0.4mg (0.1%)	0mg (0%)	0g	8.7mg	0.1mg

조

평면접시(대)
용기크기(단위 : cm) 17 / 1.5

1인 1회 섭취분량 | 4g

에너지	탄수화물	단백질	지질	비타민 A	비타민 B_2	비타민 C
15kcal	3.0g	0.4g	0.1g	0μgRE	0mg	0mg
나트륨	**식이섬유**	**칼슘**	**콜레스테롤**	**소금**	**인**	**철**
0.2mg (0%)	0.1g (0.5%)	0.7mg (0.1%)	0mg (0%)	0g	12.0mg	0.1mg

찹쌀

평면접시(대)
용기크기(단위 : cm)

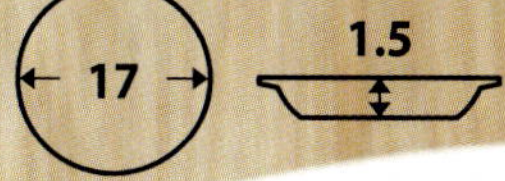

1인 1회 섭취분량 | **25g**

에너지	탄수화물	단백질	지질	비타민 A	비타민 B_2	비타민 C
94kcal	20.5g	1.9g	0.1g	0μgRE	0mg	0mg
나트륨	**식이섬유**	**칼슘**	**콜레스테롤**	**소금**	**인**	**철**
0.8mg (0%)	0.2g (0.6%)	1.0mg (0.1%)	0mg (0%)	0g	37.8mg	0.6mg

현미

평면접시(대)
용기크기(단위 : cm)

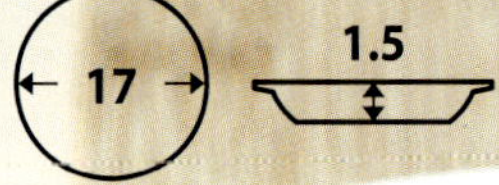

1인 1회 섭취분량 | **7g**

에너지	탄수화물	단백질	지질	비타민 A	비타민 B_2	비타민 C
25kcal	5.4g	0.5g	0.1g	0μgRE	0mg	0mg
나트륨	**식이섬유**	**칼슘**	**콜레스테롤**	**소금**	**인**	**철**
5.5mg (0.3%)	0.2g (0.9%)	0.4mg (0.1%)	0mg (0%)	0g	19.5mg	0mg

가래떡

평면접시(특대)
용기크기(단위 : cm)
18.8 / 1.7

1인 1회 섭취분량 | **125g**

에너지	탄수화물	단백질	지질	비타민 A	비타민 B2	비타민 C
299kcal	65.6g	5.1g	1.0g	0μgRE	0mg	0mg
나트륨	**식이섬유**	**칼슘**	**콜레스테롤**	**소금**	**인**	**철**
222.5mg (11.1%)	1.4g (5.5%)	5.0mg (0.7%)	0mg (0%)	0.6g	66.3mg	0.6mg

국수(마른 것)

평면접시(특대)
용기크기(단위 : cm)

18.8
1.7

1인 1회 섭취분량 | **130g**

에너지	탄수화물	단백질	지질	비타민 A	비타민 B2	비타민 C
488kcal	101.9g	13.8g	0.3g	0μgRE	0mg	0mg
나트륨	**식이섬유**	**칼슘**	**콜레스테롤**	**소금**	**인**	**철**
2856.1mg (142.8%)	3.4g (13.7%)	19.5mg (2.8%)	0mg (0%)	7.3g	161.2mg	2.1mg

단팥빵

평면접시(대)
용기크기(단위 : cm)

지름 17, 높이 1.5

1인 1회 섭취분량 | **55g**

에너지	탄수화물	단백질	지질	비타민 A	비타민 B_2	비타민 C
161kcal	28.9g	4.2g	3.4g	7.2㎍RE	0mg	0mg

나트륨	식이섬유	칼슘	콜레스테롤	소금	인	철
92.4mg (4.6%)	2.6g (10.3%)	17.0mg (2.4%)	0mg (0%)	0.2g	49.5mg	0.7mg

도토리묵

평면접시(대)
용기크기(단위 : cm)

17 / 1.5

1인 1회 섭취분량 | **90g**

에너지	탄수화물	단백질	지질	비타민 A	비타민 B_2	비타민 C
39kcal	9.2g	0.2g	0.2g	0μgRE	0mg	0mg
나트륨	**식이섬유**	**칼슘**	**콜레스테롤**	**소금**	**인**	**철**
49.5mg (2.5%)	1.1g (4.3%)	5.4mg (0.8%)	0mg (0%)	0.1g	23.4mg	0.4mg

밀가루

평면접시(대)
용기크기(단위 : cm)

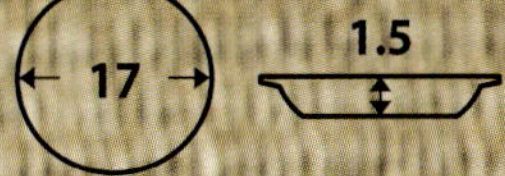

1인 1회 섭취분량 | **45g**

에너지	탄수화물	단백질	지질	비타민 A	비타민 B2	비타민 C
170kcal	33.3g	5.2g	0.5g	0μgRE	0mg	0mg
나트륨	**식이섬유**	**칼슘**	**콜레스테롤**	**소금**	**인**	**철**
8.6mg (0.4%)	1.5g (6.0%)	13.9mg (2.0%)	0mg (0%)	0g	35.1mg	0.7mg

백설기

평면접시(대)
용기크기(단위 : cm)

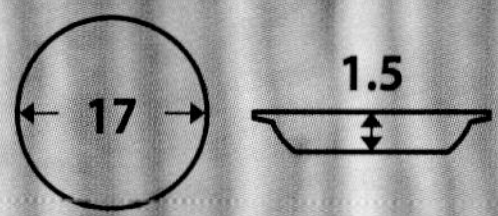

1인 1회 섭취분량 | 140g

에너지	탄수화물	단백질	지질	비타민 A	비타민 B2	비타민 C
328kcal	72.7g	4.9g	1.1g	0μgRE	0mg	0mg

나트륨	식이섬유	칼슘	콜레스테롤	소금	인	철
327.6mg (16.4%)	1.5g (6.2%)	8.4mg (1.2%)	0mg (0%)	0.8g	50.4mg	0.7mg

부침가루

평면접시(대)
용기크기(단위 : cm)
17
1.5

1인 1회 섭취분량 | **4g**

에너지	탄수화물	단백질	지질	비타민 A	비타민 B2	비타민 C
14kcal	2.9g	0.8g	0.1g	0μgRE	0mg	0mg

나트륨	식이섬유	칼슘	콜레스테롤	소금	인	철
0mg (0%)	–	1.8mg (0.3%)	–	0g	0mg	0.1mg

비스킷(소프트)

평면접시(대)
용기크기(단위 : cm)

17 / 1.5

1인 1회 섭취분량 | **10g**

에너지	탄수화물	단백질	지질	비타민 A	비타민 B2	비타민 C
47kcal	6.9g	0.6g	1.9g	0μgRE	0mg	0mg

나트륨	식이섬유	칼슘	콜레스테롤	소금	인	철
35.1mg (1.8%)	0.3g (1.2%)	2.9mg (0.4%)	–	0.1g	10.2mg	0mg

식빵

평면접시(대)
용기크기(단위 : cm)

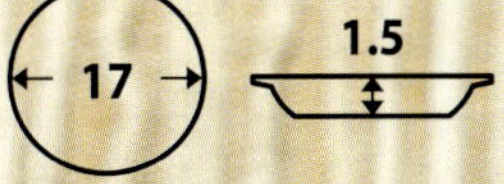

1인 1회 섭취분량 | **40g**

에너지	탄수화물	단백질	지질	비타민 A	비타민 B2	비타민 C
113kcal	20.4g	3.3g	2.1g	0.8μgRE	0mg	0mg

나트륨	식이섬유	칼슘	콜레스테롤	소금	인	철
26.4mg (1.3%)	1.4g (5.6%)	8.8mg (1.3%)	0mg (0%)	0.1g	34.4mg	0.3mg

인절미

평면접시(대)
용기크기(단위 : cm)

17 | 1.5

1인 1회 섭취분량 | 65g

에너지	탄수화물	단백질	지질	비타민 A	비타민 B_2	비타민 C
141kcal	29.1g	3.2g	1.1g	0μgRE	0mg	0mg

나트륨	식이섬유	칼슘	콜레스테롤	소금	인	철
225.6mg (11.3%)	1.1g (4.4%)	12.4mg (1.8%)	0mg (0%)	0.6g	32.5mg	0.9mg

찰시루떡

평면접시(대)
용기크기(단위 : cm) 17 / 1.5

1인 1회 섭취분량 | **75g**

에너지	탄수화물	단백질	지질	비타민 A	비타민 B_2	비타민 C
186kcal	38.8g	5.1g	0.3g	0㎍RE	0.1mg	0mg

나트륨	식이섬유	칼슘	콜레스테롤	소금	인	철
217.5mg (10.9%)	3.8g (15.0%)	24.0mg (3.4%)	0mg (0%)	0.6g	0mg	0mg

감자 · 전분류

감자

평면접시(대)
용기크기(단위 : cm)

17 1.5

1인 1회 섭취분량 | 120g

에너지	탄수화물	단백질	지질	비타민 A	비타민 B2	비타민 C
79kcal	17.5g	3.4g	0g	0μgRE	0.1mg	43.2mg
나트륨	**식이섬유**	**칼슘**	**콜레스테롤**	**소금**	**인**	**철**
3.6mg (0.2%)	1.7g (6.7%)	4.8mg (0.7%)	0mg (0%)	0g	75.6mg	0.7mg

고구마

평면접시(대)
용기크기(단위 : cm)

1인 1회 섭취분량 | **120g**

에너지	탄수화물	단백질	지질	비타민 A	비타민 B2	비타민 C
154kcal	37.4g	1.7g	0.2g	22.8㎍RE	0.1mg	30.0mg
나트륨	**식이섬유**	**칼슘**	**콜레스테롤**	**소금**	**인**	**철**
18.0mg (0.9%)	3.1g (12.5%)	28.8mg (4.1%)	0mg (0%)	0g	64.8mg	0.6mg

당면

평면접시(대)
용기크기(단위 : cm)

17 / 1.5

1인 1회 섭취분량 | **10g**

에너지	탄수화물	단백질	지질	비타민 A	비타민 B2	비타민 C
35kcal	8.6g	0g	0g	0μgRE	0mg	0mg

나트륨	식이섬유	칼슘	콜레스테롤	소금	인	철
0.4mg (0%)	0.2g (0.6%)	4.7mg (0.7%)	0mg (0%)	0g	2.6mg	0.3mg

전분

평면접시(대)
용기크기(단위 : cm)

17, 1.5

1인 1회 섭취분량 | **4g**

에너지	탄수화물	단백질	지질	비타민 A	비타민 B_2	비타민 C
13kcal	3.3g	0g	0g	0μgRE	0mg	0mg
나트륨	**식이섬유**	**칼슘**	**콜레스테롤**	**소금**	**인**	**철**
0.2mg (0%)	0g (0%)	0.9mg (0.1%)	0mg (0%)	0g	1.6mg	0.1mg

당 류

꿀

계량스푼(1/2티스푼)
용기크기(단위 : cm)

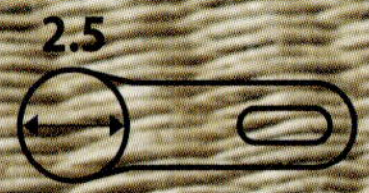

1인 1회 섭취분량 | 3g

에너지	탄수화물	단백질	지질	비타민 A	비타민 B2	비타민 C
9kcal	2.4g	0g	0g	0㎍RE	0mg	0.1mg
나트륨	**식이섬유**	**칼슘**	**콜레스테롤**	**소금**	**인**	**철**
0.2mg (0%)	0g (0%)	0.1mg (0%)	0mg (0%)	0g	0.1mg	0mg

물엿

계량스푼(1/4티스푼)

용기크기(단위 : cm)

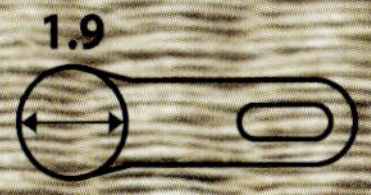

1인 1회 섭취분량 | 2g

에너지	탄수화물	단백질	지질	비타민 A	비타민 B_2	비타민 C
6kcal	1.5g	0g	0g	0㎍RE	0mg	0mg

나트륨	식이섬유	칼슘	콜레스테롤	소금	인	철
0mg (0%)	0g (0%)	0mg (0%)	0mg (0%)	0g	0mg	0mg

사탕

평면접시(소)
용기크기(단위 : cm)

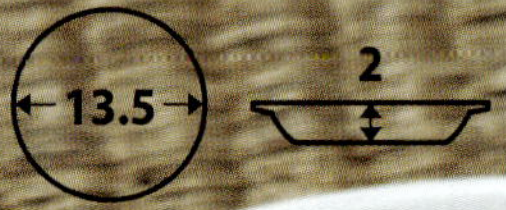

1인 1회 섭취분량 | **9g**

에너지	탄수화물	단백질	지질	비타민 A	비타민 B2	비타민 C
36kcal	8.8g	0g	0g	0μgRE	0mg	0mg

나트륨	식이섬유	칼슘	콜레스테롤	소금	인	철
3.4mg (0.2%)	–	0.3mg (0%)	0mg (0%)	0g	0.3mg	0mg

설탕

계량스푼(1/4티스푼)

용기크기(단위 : cm)

1인 1회 섭취분량 | 1g

에너지	탄수화물	단백질	지질	비타민 A	비타민 B_2	비타민 C
4kcal	1.0g	0g	0g	0μgRE	0mg	0mg
나트륨	**식이섬유**	**칼슘**	**콜레스테롤**	**소금**	**인**	**철**
0mg (0%)	0g (0%)	0mg (0%)	0mg (0%)	0g	0mg	0mg

두 류

강낭콩(마른 것)

평면접시(소)
용기크기(단위 : cm)

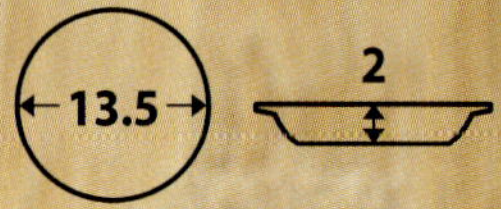

1인 1회 섭취분량 | **6g**

에너지	탄수화물	단백질	지질	비타민 A	비타민 B_2	비타민 C
20kcal	3.8g	1.3g	0.1g	0μgRE	0mg	0mg

나트륨	식이섬유	칼슘	콜레스테롤	소금	인	철
0.1mg (0%)	1.6g (6.6%)	5.9mg (0.8%)	0mg (0%)	0g	20.3mg	0.5mg

검정콩(마른 것)

평면접시(소)
용기크기(단위 : cm) 13.5 / 2

1인 1회 섭취분량 | 9g

에너지	탄수화물	단백질	지질	비타민 A	비타민 B_2	비타민 C
34kcal	2.7g	3.1g	1.6g	0μgRE	0mg	0mg

나트륨	식이섬유	칼슘	콜레스테롤	소금	인	철
0.4mg (0%)	2.6g (10.3%)	20.2mg (2.9%)	0mg (0%)	0g	56.6mg	0.7mg

두부

평면접시(중)
용기크기(단위 : cm)

15.9 / 2.1

1인 1회 섭취분량 | **50g**

에너지	탄수화물	단백질	지질	비타민 A	비타민 B2	비타민 C
42kcal	0.7g	4.7g	2.8g	0㎍RE	0mg	0mg

나트륨	식이섬유	칼슘	콜레스테롤	소금	인	철
2.5mg (0.1%)	1.3g (5.0%)	63.0mg (9.0%)	0mg (0%)	0g	70.0mg	0.8mg

두유

1인 1회 섭취분량 | **190ml**

에너지	탄수화물	단백질	지질	비타민 A	비타민 B2	비타민 C
133kcal	8.9g	8.4g	6.8g	0μgRE	0.1mg	0mg

나트륨	식이섬유	칼슘	콜레스테롤	소금	인	철
256.5mg (12.8%)	2.8g (11.4%)	32.3mg (4.6%)	0mg (0%)	0.7g	100.7mg	1.3mg

완두콩

평면접시(소)
용기크기(단위 : cm)

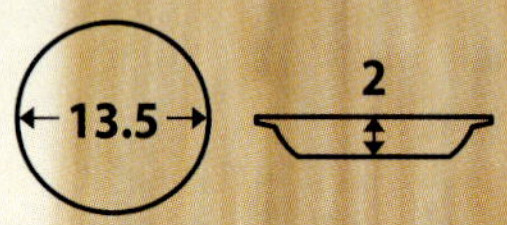

1인 1회 섭취분량 | **5g**

에너지	탄수화물	단백질	지질	비타민 A	비타민 B2	비타민 C
7kcal	1.2g	0.5g	0g	0.6μgRE	0mg	1.1mg

나트륨	식이섬유	칼슘	콜레스테롤	소금	인	철
0.1mg (0%)	0.3g (1.0%)	1.5mg (0.2%)	0mg (0%)	0g	8.1mg	0.1mg

콩가루

평면접시(소)
용기크기(단위 : cm)

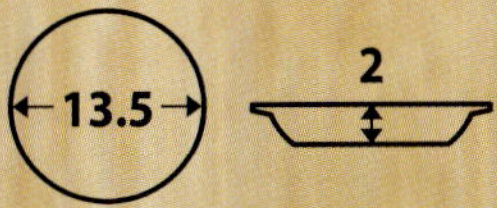

1인 1회 섭취분량 | **4g**

에너지	탄수화물	단백질	지질	비타민vA	비타민 B2	비타민 C
17kcal	1.3g	1.5g	0.8g	0μgRE	0mg	0mg

나트륨	식이섬유	칼슘	콜레스테롤	소금	인	철
0.2mg (0%)	0.7g (2.7%)	6.8mg (1.0%)	0mg (0%)	0g	23.0mg	0.4mg

팥(마른 것)

평면접시(소)
용기크기(단위 : cm)

13.5 / 2

1인 1회 섭취분량 | 7g

에너지	탄수화물	단백질	지질	비타민 A	비타민 B_2	비타민 C
24kcal	4.8g	1.4g	0g	0μgRE	0mg	0mg

나트륨	식이섬유	칼슘	콜레스테롤	소금	인	철
0.1mg (0%)	0.9g (3.4%)	5.7mg (0.8%)	0mg (0%)	0g	29.7mg	0.4mg

견과·종실류

땅콩

평면접시(소)
용기크기(단위 : cm)

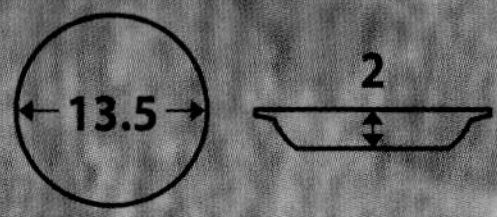

1인 1회 섭취분량 | **7g**

에너지	탄수화물	단백질	지질	비타민 A	비타민 B_2	비타민 C
40kcal	1.5g	1.8g	3.4g	0μgRE	0mg	0mg

나트륨	식이섬유	칼슘	콜레스테롤	소금	인	철
0.2mg (0%)	0.6g (2.3%)	3.6mg (0.5%)	0mg (0%)	0g	29.9mg	0.1mg

밤

평면접시(소)
용기크기(단위 : cm)

13.5
2

1인 1회 섭취분량 | **9g**

에너지	탄수화물	단백질	지질	비타민 A	비타민 B2	비타민 C
15kcal	3.3g	0.3g	0.1g	0.7㎍RE	0mg	1.1mg

나트륨	식이섬유	칼슘	콜레스테롤	소금	인	철
0.2mg (0%)	0.3g (1.2%)	2.5mg (0.4%)	0mg (0%)	0g	6.1mg	0.1mg

은행

평면접시(소)
용기크기(단위 : cm)

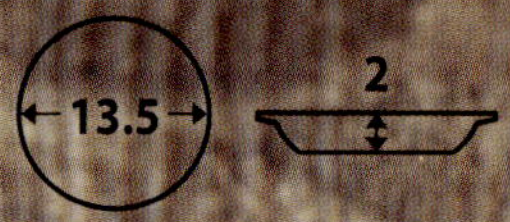

1인 1회 섭취분량 | **5g**

에너지	탄수화물	단백질	지질	비타민 A	비타민 B2	비타민 C
9kcal	1.9g	0.3g	0.1g	0.8㎍RE	0mg	0.7mg
나트륨	**식이섬유**	**칼슘**	**콜레스테롤**	**소금**	**인**	**철**
0.3mg (0%)	0.1g (0.4%)	0.3mg (0%)	0mg (0%)	0g	7.8mg	0.1mg

들깨

평면접시(소)
용기크기(단위 : cm)

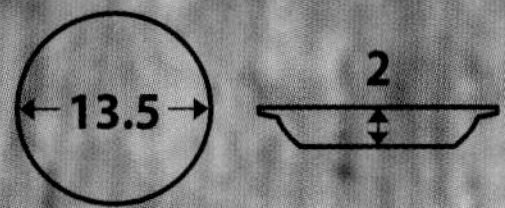

1인 1회 섭취분량 | **2g**

에너지	탄수화물	단백질	지질	비타민 A	비타민 B_2	비타민 C
8kcal	0.8g	0.3g	0.7g	0μgRE	0mg	0mg

나트륨	식이섬유	칼슘	콜레스테롤	소금	인	철
0.4mg (0%)	0.6g (2.2%)	15.0mg (2.1%)	0mg (0%)	0g	11.3mg	0.1mg

참깨(흰깨)

평면접시(소)
용기크기(단위 : cm)

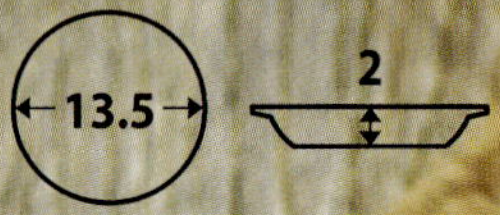

1인 1회 섭취분량 | **1g**

에너지	탄수화물	단백질	지질	비타민 A	비타민 B2	비타민 C
6kcal	0.2g	0.2g	0.5g	0μgRE	0mg	0mg

나트륨	식이섬유	칼슘	콜레스테롤	소금	인	철
0mg (0%)	0.1g (0.5%)	11.5mg (1.6%)	0mg (0%)	0g	5.9mg	0.1mg

채소류

52 가지 · 53 고구마줄기(삶은 것) · 54 고사리(삶은 것)
55 깻잎 · 56 냉이 · 57 단무지 · 58 당근 · 59 도라지
60 마늘 · 61 무 · 62 무시래기(삶은 것) · 63 미나리
64 배추 · 65 부추 · 66 붉은 고추 · 67 상추
68 생강 · 69 숙주나물 · 70 시금치 · 71 쑥갓
72 아욱 · 73 애호박 · 74 양배추 · 75 양파
76 열무 · 77 오이 · 78 오이지 · 79 우엉
80 취나물(삶은 것) · 81 콩나물 · 82 토란대(삶은 것)
83 토마토 · 84 파 · 85 풋고추

가지

평면접시(대)
용기크기(단위 : cm)

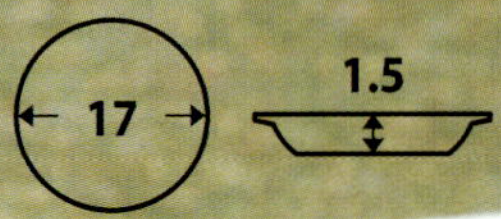

1인 1회 섭취분량 | 40g

에너지	탄수화물	단백질	지질	비타민 A	비타민 B_2	비타민 C
8kcal	2.1g	0.4g	0g	2.0㎍RE	0mg	3.6mg

나트륨	식이섬유	칼슘	콜레스테롤	소금	인	철
1.2mg (0.1%)	0.9g (3.5%)	6.4mg (0.9%)	0mg (0%)	0g	13.2mg	0.1mg

고구마줄기(삶은 것)

평면접시(대)
용기크기(단위 : cm)
17
1.5

1인 1회 섭취분량 | **30g**

에너지	탄수화물	단백질	지질	비타민 A	비타민 B_2	비타민 C
2kcal	0.4g	0.2g	0g	2.7㎍RE	0mg	0.6mg

나트륨	식이섬유	칼슘	콜레스테롤	소금	인	철
0.9mg (0%)	1.2g (4.7%)	21.0mg (3.0%)	0mg (0%)	0g	3.6mg	0.1mg

고사리(삶은 것)

평면접시(대)
용기크기(단위 : cm)
17
1.5

1인 1회 섭취분량 | **35g**

에너지	탄수화물	단백질	지질	비타민 A	비타민 B2	비타민 C
7kcal	1.5g	1.1g	0.1g	2.5μgRE	0mg	0mg

나트륨	식이섬유	칼슘	콜레스테롤	소금	인	철
1.8mg (0.1%)	1.0g (4.2%)	5.3mg (0.8%)	0mg (0%)	0g	14.0mg	0.5mg

깻잎

평면접시(대)
용기크기(단위 : cm) 17 / 1.5

1인 1회 섭취분량 | **10g**

에너지	탄수화물	단백질	지질	비타민 A	비타민 B_2	비타민 C
4kcal	0.8g	0.4g	0g	152.4㎍RE	0mg	1.2mg

나트륨	식이섬유	칼슘	콜레스테롤	소금	인	철
0.1mg (0%)	0.4g (1.8%)	21.1mg (3.0%)	0mg (0%)	0g	7.2mg	0.2mg

냉이

평면접시(대)
용기크기(단위 : cm)

1인 1회 섭취분량 | **8g**

에너지	탄수화물	단백질	지질	비타민 A	비타민 B2	비타민 C
2kcal	0.4g	0.4g	0.1g	15.1㎍RE	0mg	5.9mg
나트륨	**식이섬유**	**칼슘**	**콜레스테롤**	**소금**	**인**	**철**
1.2mg (0.1%)	0.4g (1.6%)	11.6mg (1.7%)	0mg (0%)	0g	7.0mg	0.4mg

단무지

평면접시(대)
용기크기(단위 : cm)

17 / 1.5

1인 1회 섭취분량 | **20g**

에너지	탄수화물	단백질	지질	비타민 A	비타민 B2	비타민 C
2kcal	0.7g	0.1g	0g	0μgRE	0mg	1.4mg

나트륨	식이섬유	칼슘	콜레스테롤	소금	인	철
223.8mg (11.2%)	0.5g (1.8%)	4.8mg (0.7%)	0mg (0%)	0.6g	3.6mg	0.1mg

당근

평면접시(대)
용기크기(단위 : cm)

지름 17, 높이 1.5

1인 1회 섭취분량 | **5g**

에너지	탄수화물	단백질	지질	비타민 A	비타민 B_2	비타민 C
2kcal	0.4g	0.1g	0g	63.5μgRE	0mg	0.4mg
나트륨	**식이섬유**	**칼슘**	**콜레스테롤**	**소금**	**인**	**철**
1.5mg (0.1%)	0.1g (0.5%)	2.0mg (0.3%)	0mg (0%)	0g	1.9mg	0mg

도라지

평면접시(대)
용기크기(단위 : cm)

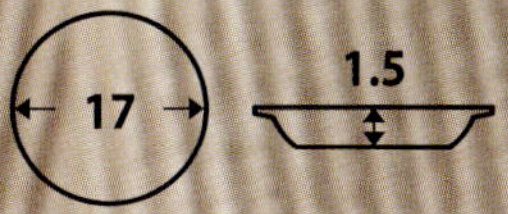

1인 1회 섭취분량 | **15g**

에너지	탄수화물	단백질	지질	비타민 A	비타민 B2	비타민 C
14kcal	3.6g	0.4g	0g	0μgRE	0mg	4.1mg

나트륨	식이섬유	칼슘	콜레스테롤	소금	인	철
3.5mg (0.2%)	0.7g (2.8%)	5.3mg (0.8%)	0mg (0%)	0g	14.3mg	0.6mg

마늘

평면접시(대)
용기크기(단위 : cm)

17 / 1.5

1인 1회 섭취분량 | **5g**

에너지	탄수화물	단백질	지질	비타민 A	비타민 B2	비타민 C
6kcal	1.5g	0.3g	0g	0μgRE	0mg	1.4mg
나트륨	**식이섬유**	**칼슘**	**콜레스테롤**	**소금**	**인**	**철**
0.2mg (0%)	0.3g (1.2%)	0.5mg (0.1%)	0mg (0%)	0g	8.2mg	0.1mg

무

평면접시(대)
용기크기(단위 : cm)

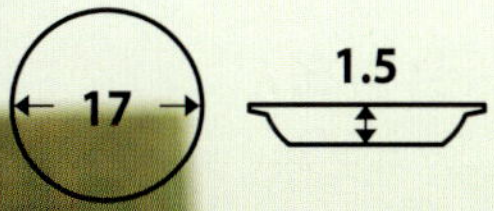

1인 1회 섭취분량 | **50g**

에너지	탄수화물	단백질	지질	비타민 A	비타민 B2	비타민 C
9kcal	2.2g	0.4g	0.1g	4.0μgRE	0mg	7.5mg

나트륨	식이섬유	칼슘	콜레스테롤	소금	인	철
6.5mg (0.3%)	0.6g (2.4%)	13.0mg (1.9%)	0mg (0%)	0g	11.5mg	0.3mg

무시래기(삶은 것)

평면접시(대)
용기크기(단위 : cm)

지름 17, 높이 1.5

1인 1회 섭취분량 | **45g**

에너지	탄수화물	단백질	지질	비타민 A	비타민 B_2	비타민 C
14kcal	3.8g	1.3g	0.3g	37.8μgRE	0mg	0mg

나트륨	식이섬유	칼슘	콜레스테롤	소금	인	철
10.8mg (0.5%)	–	150.8mg (21.5%)	0mg (0%)	0g	27.9mg	6.5mg

미나리

평면접시(특대)
용기크기(단위 : cm) 18.8 / 1.7

1인 1회 섭취분량 | **30g**

에너지	탄수화물	단백질	지질	비타민 A	비타민 B_2	비타민 C
5kcal	1.3g	0.4g	0g	75.0㎍RE	0mg	3.0mg

나트륨	식이섬유	칼슘	콜레스테롤	소금	인	철
5.4mg (0.3%)	0.8g (3.1%)	7.2mg (1.0%)	0mg (0%)	0g	13.5mg	0.6mg

배추

평면접시(대)
용기크기(단위 : cm)

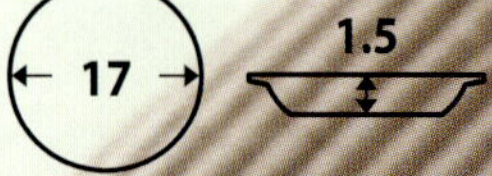

1인 1회 섭취분량 | **40g**

에너지	탄수화물	단백질	지질	비타민 A	비타민 B_2	비타민 C
4kcal	1.2g	0.4g	0g	0μgRE	0mg	6.8mg
나트륨	**식이섬유**	**칼슘**	**콜레스테롤**	**소금**	**인**	**철**
12.8mg (0.6%)	0.6g (2.4%)	14.8mg (2.1%)	0mg (0%)	0g	10.0mg	0.2mg

부추

평면접시(대)
용기크기(단위 : cm)

지름 17, 높이 1.5

1인 1회 섭취분량 | **15g**

에너지	탄수화물	단백질	지질	비타민 A	비타민 B2	비타민 C
3kcal	0.6g	0.4g	0.1g	77.4μgRE	0mg	5.6mg

나트륨	식이섬유	칼슘	콜레스테롤	소금	인	철
0.8mg (0%)	0.4g (1.7%)	7.1mg (1.0%)	0mg (0%)	0g	5.1mg	0.3mg

붉은 고추

평면접시(소)
용기크기(단위 : cm) 13.5 / 2

1인 1회 섭취분량 | **1g**

에너지	탄수화물	단백질	지질	비타민 A	비타민 B_2	비타민 C
0kcal	0.1g	0g	0g	10.8μgRE	0mg	1.2mg

나트륨	식이섬유	칼슘	콜레스테롤	소금	인	철
0.1mg (0%)	0.1g (0.3%)	0.2mg (0%)	0mg (0%)	0g	0.6mg	0mg

상추

평면접시(특대)
용기크기(단위 : cm) 18.8 / 1.7

1인 1회 섭취분량 | **15g**

에너지	탄수화물	단백질	지질	비타민 A	비타민 B_2	비타민 C
2kcal	0.4g	0.3g	0g	3.0㎍RE	0mg	2.4mg

나트륨	식이섬유	칼슘	콜레스테롤	소금	인	철
4.7mg (0.2%)	0.3g (1.2%)	16.0mg (2.3%)	0mg (0%)	0g	3.8mg	0.4mg

생강

평면접시(소)
용기크기(단위 : cm)

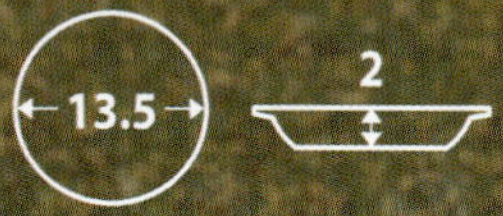

1인 1회 섭취분량 | **1g**

에너지	탄수화물	단백질	지질	비타민 A	비타민 B2	비타민 C
1kcal	0.1g	0g	0g	0μgRE	0mg	0.1mg
나트륨	**식이섬유**	**칼슘**	**콜레스테롤**	**소금**	**인**	**철**
0.1mg (0%)	0g (0.1%)	0.1mg (0%)	0mg (0%)	0g	0.3mg	0mg

숙주나물

평면접시(대)
용기크기(단위 : cm)

17 / 1.5

1인 1회 섭취분량 | **30g**

에너지	탄수화물	단백질	지질	비타민 A	비타민 B_2	비타민 C
3kcal	0.5g	0.7g	0g	1.2μgRE	0mg	3.0mg
나트륨	**식이섬유**	**칼슘**	**콜레스테롤**	**소금**	**인**	**철**
0.9mg (0%)	0.5g (2.2%)	4.5mg (0.6%)	0mg (0%)	0g	9.6mg	0.2mg

시금치

평면접시(특대)
용기크기(단위 : cm)

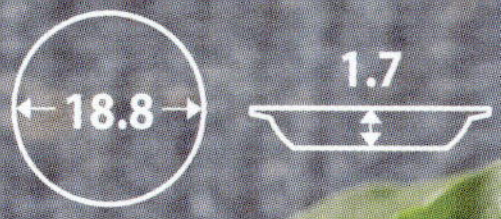

1인 1회 섭취분량 | **40g**

에너지	탄수화물	단백질	지질	비타민 A	비타민 B_2	비타민 C
12kcal	2.4g	1.2g	0.2g	242.8μgRE	0.1mg	24.0mg
나트륨	**식이섬유**	**칼슘**	**콜레스테롤**	**소금**	**인**	**철**
21.6mg (1.1%)	1.0g (4.2%)	16.0mg (2.3%)	0mg (0%)	0.1g	11.6mg	1.0mg

쑥갓

평면접시(중)
용기크기(단위 : cm)

15.9 / 2.1

1인 1회 섭취분량 | **3g**

에너지	탄수화물	단백질	지질	비타민 A	비타민 B2	비타민 C
1kcal	0.1g	0.1g	0g	18.8μgRE	0mg	0.5mg

나트륨	식이섬유	칼슘	콜레스테롤	소금	인	철
1.4mg (0.1%)	0.1g (0.3%)	1.1mg (0.2%)	0mg (0%)	0g	1.4mg	0.1mg

아욱

평면접시(특대)

용기크기(단위 : cm)

18.8

1.7

1인 1회 섭취분량 | **45g**

에너지	탄수화물	단백질	지질	비타민 A	비타민 B2	비타민 C
9kcal	1.2g	1.6g	0.3g	514.3㎍RE	0.1mg	21.6mg
나트륨	**식이섬유**	**칼슘**	**콜레스테롤**	**소금**	**인**	**철**
15.8mg (0.8%)	1.8g (7.4%)	42.3mg (6.0%)	0mg (0%)	0g	29.7mg	0.9mg

애호박

평면접시(대)
용기크기(단위 : cm)

지름 17 / 높이 1.5

1인 1회 섭취분량 | **35g**

에너지	탄수화물	단백질	지질	비타민 A	비타민 B_2	비타민 C
8kcal	2.1g	0.5g	0g	8.8μgRE	0mg	2.8mg

나트륨	식이섬유	칼슘	콜레스테롤	소금	인	철
0.3mg (0%)	0.4g (1.7%)	4.6mg (0.7%)	0mg (0%)	0g	15.4mg	0.1mg

양배추

평면접시(대)
용기크기(단위 : cm)

17 / 1.5

1인 1회 섭취분량 | **30g**

에너지	탄수화물	단백질	지질	비타민 A	비타민 B_2	비타민 C
6kcal	1.6g	0.2g	0g	0.3μgRE	0mg	10.8mg
나트륨	**식이섬유**	**칼슘**	**콜레스테롤**	**소금**	**인**	**철**
1.5mg (0.1%)	0.7g (2.6%)	8.7mg (1.2%)	0mg (0%)	0g	7.5mg	0.2mg

양파

평면접시(중)
용기크기(단위 : cm)

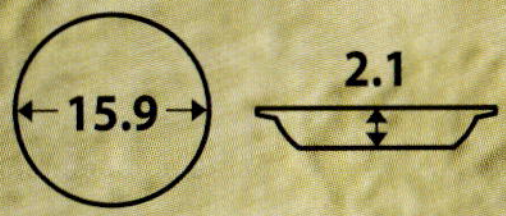

1인 1회 섭취분량 | **10g**

에너지	탄수화물	단백질	지질	비타민 A	비타민 B_2	비타민 C
3kcal	0.8g	0.1g	0g	0μgRE	0mg	0.8mg
나트륨	**식이섬유**	**칼슘**	**콜레스테롤**	**소금**	**인**	**철**
0.2mg (0%)	0.2g (0.6%)	1.6mg (0.2%)	0mg (0%)	0g	3.0mg	0mg

열무

평면접시(특대)
용기크기(단위 : cm)

18.8 1.7

1인 1회 섭취분량 | **50g**

에너지	탄수화물	단백질	지질	비타민 A	비타민 B_2	비타민 C
7kcal	1.4g	1.2g	0.1g	52.5㎍RE	0.1mg	11.5mg

나트륨	식이섬유	칼슘	콜레스테롤	소금	인	철
18.0mg (0.9%)	1.3g (5.0%)	60.0mg (8.6%)	0mg (0%)	0g	24.0mg	1.3mg

오이

평면접시(대)
용기크기(단위 : cm)
지름 17, 높이 1.5

1인 1회 섭취분량 | **40g**

에너지	탄수화물	단백질	지질	비타민 A	비타민 B_2	비타민 C
4kcal	0.9g	0.4g	0.1g	4.0㎍RE	0mg	3.6mg

나트륨	식이섬유	칼슘	콜레스테롤	소금	인	철
0.8mg (0%)	0.5g (1.9%)	11.2mg (1.6%)	0mg (0%)	0g	30.8mg	0.2mg

오이지

평면접시(중)
용기크기(단위 : cm)

15.9 / 2.1

1인 1회 섭취분량 | **15g**

에너지	탄수화물	단백질	지질	비타민 A	비타민 B_2	비타민 C
1kcal	0.3g	0.1g	0g	2.5μgRE	0mg	0mg

나트륨	식이섬유	칼슘	콜레스테롤	소금	인	철
216.6mg (10.8%)	0.1g (0.5%)	4.9mg (0.7%)	0mg (0%)	0.6g	2.5mg	0.1mg

우엉

평면접시(소)
용기크기(단위 : cm)

13.5 / 2

1인 1회 섭취분량 | **6g**

에너지	탄수화물	단백질	지질	비타민 A	비타민 B_2	비타민 C
4kcal	0.9g	0.2g	0g	0μgRE	0mg	0.2mg
나트륨	**식이섬유**	**칼슘**	**콜레스테롤**	**소금**	**인**	**철**
0.3mg (0%)	0.2g (0.8%)	3.4mg (0.5%)	0mg (0%)	0g	4.3mg	0.1mg

취나물(삶은 것)

평면접시(특대)
용기크기(단위 : cm)

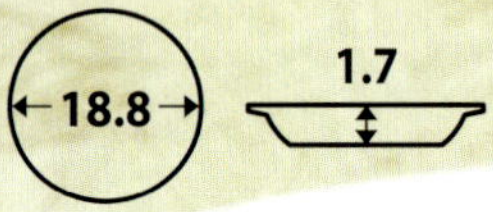

1인 1회 섭취분량 | **45g**

에너지	탄수화물	단백질	지질	비타민 A	비타민 B2	비타민 C
9kcal	2.1g	1.4g	0.2g	152.5µgRE	0mg	0mg

나트륨	식이섬유	칼슘	콜레스테롤	소금	인	철
3.2mg (0.2%)	–	21.6mg (3.1%)	0mg (0%)	0g	20.7mg	0.9mg

콩나물

평면접시(특대)
용기크기(단위 : cm)

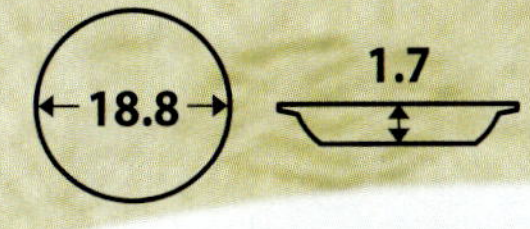

1인 1회 섭취분량 | **25g**

에너지	탄수화물	단백질	지질	비타민 A	비타민 B2	비타민 C
8kcal	0.9g	1.3g	0.3g	0μgRE	0mg	1.3mg
나트륨	**식이섬유**	**칼슘**	**콜레스테롤**	**소금**	**인**	**철**
1.5mg (0.1%)	0.8g (3.1%)	9.0mg (1.3%)	0mg (0%)	0g	16.5mg	0.3mg

토란대(삶은 것)

평면접시(중)
용기크기(단위 : cm)

15.9 / 2.1

1인 1회 섭취분량 | **15g**

에너지	탄수화물	단백질	지질	비타민 A	비타민 B2	비타민 C
3kcal	0.8g	0.1g	0g	1.5μgRE	0mg	0mg

나트륨	식이섬유	칼슘	콜레스테롤	소금	인	철
0.2mg (0%)	0.7g (2.6%)	13.6mg (1.9%)	0mg (0%)	0g	5.8mg	0mg

토마토

평면접시(대)
용기크기(단위 : cm)

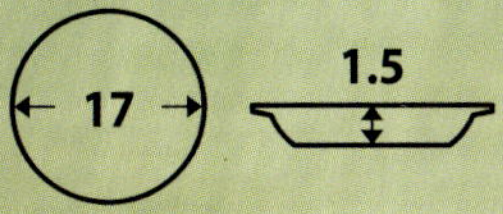

1인 1회 섭취분량 | **135g**

에너지	탄수화물	단백질	지질	비타민 A	비타민 B_2	비타민 C
19kcal	4.5g	1.2g	0.1g	121.5㎍RE	0mg	14.9mg

나트륨	식이섬유	칼슘	콜레스테롤	소금	인	철
6.8mg (0.3%)	1.4g (5.4%)	12.1mg (1.7%)	0mg (0%)	0g	25.6mg	0.4mg

파

평면접시(소)
용기크기(단위 : cm)

1인 1회 섭취분량 | **2g**

에너지	탄수화물	단백질	지질	비타민 A	비타민 B_2	비타민 C
1kcal	0.1g	0g	0g	2.6μgRE	0mg	0.4mg

나트륨	식이섬유	칼슘	콜레스테롤	소금	인	철
0mg (0%)	0g (0.1%)	1.6mg (0.2%)	0mg (0%)	0g	0.7mg	0mg

풋고추

평면접시(대)
용기크기(단위 : cm)

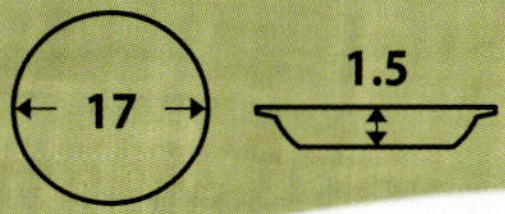

1인 1회 섭취분량 | **9g**

에너지	탄수화물	단백질	지질	비타민 A	비타민 B2	비타민 C
2kcal	0.4g	0.1g	0.1g	0μgRE	0mg	6.5mg

나트륨	식이섬유	칼슘	콜레스테롤	소금	인	철
0.8mg (0%)	0.5g (1.8%)	1.3mg (0.2%)	0mg (0%)	0g	3.5mg	0.1mg

버섯류

느타리버섯

평면접시(대)
용기크기(단위 : cm)

17 / 1.5

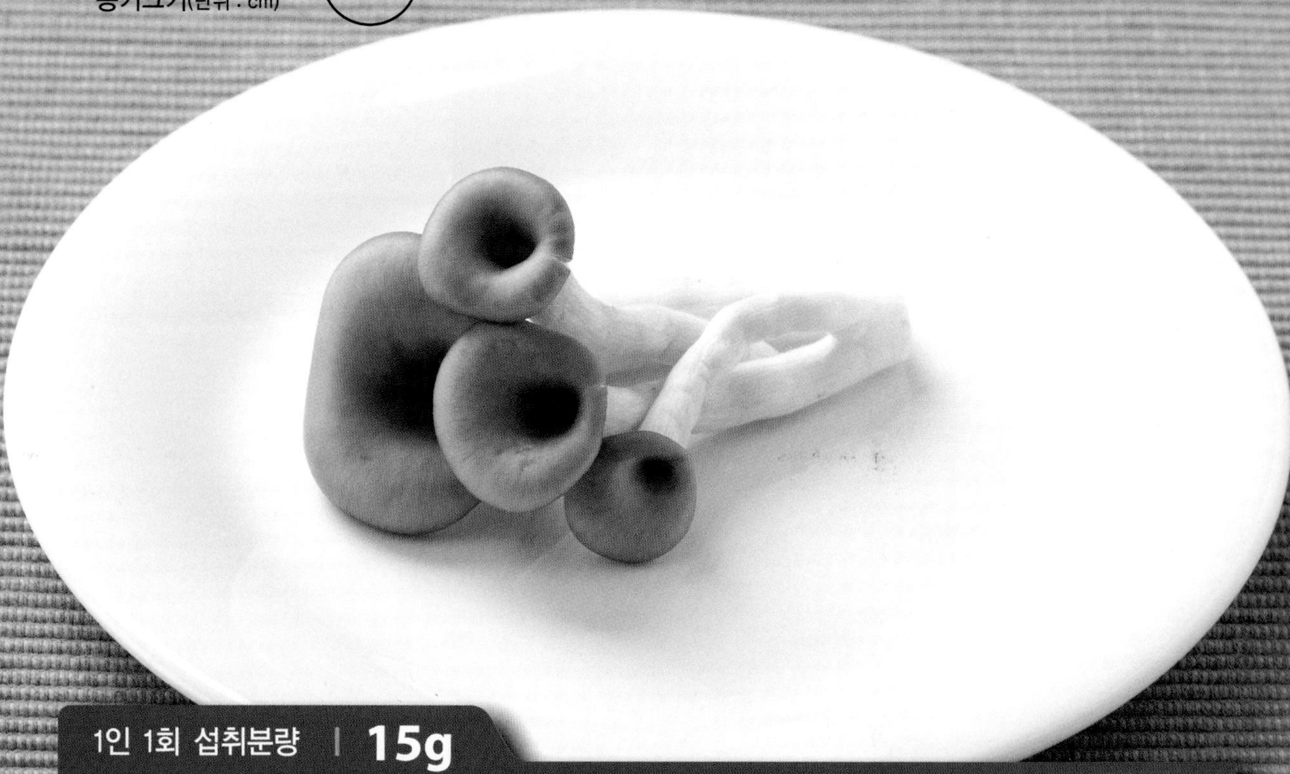

1인 1회 섭취분량 | 15g

에너지	탄수화물	단백질	지질	비타민 A	비타민 B_2	비타민 C
4kcal	0.9g	0.4g	0g	0.2μgRE	0mg	0.4mg
나트륨	**식이섬유**	**칼슘**	**콜레스테롤**	**소금**	**인**	**철**
0.4mg (0%)	0.4g (1.6%)	0.2mg (0%)	0mg (0%)	0g	8.1mg	0.1mg

새송이버섯

평면접시(대)
용기크기(단위 : cm)

17 / 1.5

1인 1회 섭취분량 | **6g**

에너지	탄수화물	단백질	지질	비타민 A	비타민 B_2	비타민 C
2kcal	0.5g	0.2g	0g	0μgRE	0mg	0.2mg

나트륨	식이섬유	칼슘	콜레스테롤	소금	인	철
0.5mg (0%)	0.2g (0.8%)	0mg (0%)	0mg (0%)	0g	2.7mg	0mg

팽이버섯

평면접시(대)
용기크기(단위 : cm)

17 / 1.5

1인 1회 섭취분량 | 7g

에너지	탄수화물	단백질	지질	비타민 A	비타민 B2	비타민 C
2kcal	0.4g	0.2g	0g	0μgRE	0mg	0.8mg
나트륨	**식이섬유**	**칼슘**	**콜레스테롤**	**소금**	**인**	**철**
0.6mg (0%)	0.2g (0.7%)	0.1mg (0%)	0mg (0%)	0g	6.2mg	0.1mg

표고버섯(생것)

평면접시(대)
용기크기(단위 : cm)

지름 17, 높이 1.5

1인 1회 섭취분량 | 5g

에너지	탄수화물	단백질	지질	비타민 A	비타민 B_2	비타민 C
1kcal	0.3g	0.1g	0g	0μgRE	0mg	0mg

나트륨	식이섬유	칼슘	콜레스테롤	소금	인	철
0.3mg (0%)	0.2g (0.7%)	0.3mg (0%)	0mg (0%)	0g	1.4mg	0mg

과일류

감

평면접시(대)
용기크기(단위 : cm)

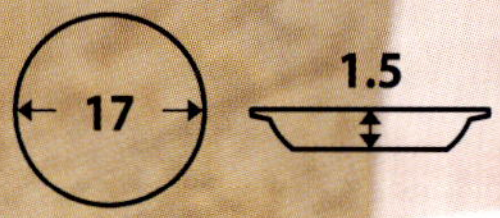

1인 1회 섭취분량 | **175g**

에너지	탄수화물	단백질	지질	비타민 A	비타민 B_2	비타민 C
145kcal	40.3g	1.6g	0g	829.5㎍RE	0.2mg	22.8mg

나트륨	식이섬유	칼슘	콜레스테롤	소금	인	철
22.8mg (1.1%)	3.5g (14.0%)	10.5mg (1.5%)	0mg (0%)	0.1g	59.5mg	6.8mg

귤

평면접시(특대)
용기크기(단위 : cm)

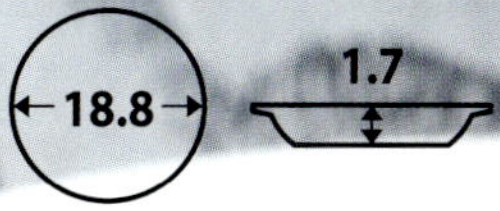

1인 1회 섭취분량 | 120g

에너지	탄수화물	단백질	지질	비타민 A	비타민 B_2	비타민 C
46kcal	11.9g	0.8g	0.1g	1.2μgRE	0mg	52.8mg

나트륨	식이섬유	칼슘	콜레스테롤	소금	인	철
13.2mg (0.7%)	0.8g (3.4%)	15.6mg (2.2%)	0mg (0%)	0g	13.2mg	0mg

대추(마른 것)

평면접시(소)
용기크기(단위 : cm)

13.5 / 2

1인 1회 섭취분량 | 3g

에너지	탄수화물	단백질	지질	비타민 A	비타민 B2	비타민 C
9kcal	2.2g	0.2g	0.1g	0μgRE	0mg	0.2mg

나트륨	식이섬유	칼슘	콜레스테롤	소금	인	철
0.2mg (0%)	0.3g (1.2%)	0.5mg (0.1%)	0mg (0%)	0g	3.5mg	0.1mg

매실농축액

계량스푼(1테이블스푼)

용기크기(단위 : cm)

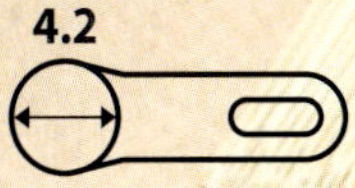

1인 1회 섭취분량 | 12g

에너지	탄수화물	단백질	지질	비타민 A	비타민 B2	비타민 C
14kcal	3.7g	0.1g	0g	0.2㎍RE	0mg	1.4mg

나트륨	식이섬유	칼슘	콜레스테롤	소금	인	철
1.1mg (0.1%)	0g (0%)	0.7mg (0.1%)	0mg (0%)	0g	1.0mg	0.2mg

바나나

평면접시(대)
용기크기(단위 : cm)

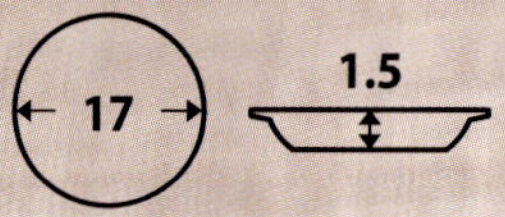

1인 1회 섭취분량 | 105g

에너지	탄수화물	단백질	지질	비타민 A	비타민 B_2	비타민 C
84kcal	22.2g	1.3g	0.2g	2.1㎍RE	0.1mg	10.5mg
나트륨	**식이섬유**	**칼슘**	**콜레스테롤**	**소금**	**인**	**철**
2.1mg (0.1%)	1.9g (7.6%)	4.2mg (0.6%)	0mg (0%)	0g	18.9mg	0.7mg

배

평면접시(특대)
용기크기(단위 : cm)

18.8 / 1.7

1인 1회 섭취분량 | 255g

에너지	탄수화물	단백질	지질	비타민 A	비타민 B_2	비타민 C
99kcal	27.8g	0.8g	0.3g	0μgRE	0mg	10.2mg
나트륨	**식이섬유**	**칼슘**	**콜레스테롤**	**소금**	**인**	**철**
7.7mg (0.4%)	1.8g (7.1%)	5.1mg (0.7%)	0mg (0%)	0g	28.0mg	0.5mg

복숭아

평면접시(특대)
용기크기(단위 : cm)

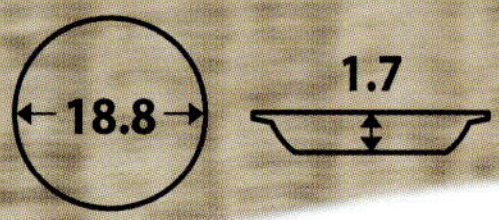

1인 1회 섭취분량 | **195g**

에너지	탄수화물	단백질	지질	비타민 A	비타민 B_2	비타민 C
66kcal	17.0g	1.8g	0.4g	3.9㎍RE	0mg	13.6mg

나트륨	식이섬유	칼슘	콜레스테롤	소금	인	철
3.9mg (0.2%)	2.5g (10.1%)	5.8mg (0.8%)	0mg (0%)	0g	33.2mg	1.0mg

사과

평면접시(특대)
용기크기(단위 : cm)

18.8 / 1.7

1인 1회 섭취분량 | 115g

에너지	탄수화물	단백질	지질	비타민 A	비타민 B_2	비타민 C
66kcal	18.2g	0.3g	0.1g	3.5μgRE	0mg	4.6mg

나트륨	식이섬유	칼슘	콜레스테롤	소금	인	철
3.5mg (0.2%)	1.6g (6.4%)	3.5mg (0.5%)	0mg (0%)	0g	9.2mg	0.3mg

수박

평면접시(특대)
용기크기(단위 : cm) 18.8 1.7

1인 1회 섭취분량 | 165g

에너지	탄수화물	단백질	지질	비타민 A	비타민 B2	비타민 C
40kcal	8.7g	1.3g	0.7g	235.9μgRE	0mg	23.1mg
나트륨	**식이섬유**	**칼슘**	**콜레스테롤**	**소금**	**인**	**철**
1.6mg (0.1%)	0.3g (1.3%)	1.6mg (0.2%)	0mg (0%)	0g	19.8mg	0.3mg

참외

평면접시(특대)
용기크기(단위 : cm)

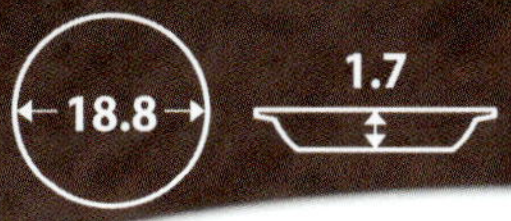

1인 1회 섭취분량 | **130g**

에너지	탄수화물	단백질	지질	비타민 A	비타민 B_2	비타민 C
23kcal	9.8g	2.9g	0.5g	7.8μgRE	0mg	27.3mg
나트륨	**식이섬유**	**칼슘**	**콜레스테롤**	**소금**	**인**	**철**
13.0mg (0.7%)	2.6g (10.4%)	7.8mg (1.1%)	0mg (0%)	0g	102.7mg	4.2mg

포도

평면접시(대)
용기크기(단위 : cm)

17 / 1.5

1인 1회 섭취분량 | 105g

에너지	탄수화물	단백질	지질	비타민 A	비타민 B_2	비타민 C
62kcal	16.1g	0.5g	0.3g	0μgRE	0mg	0mg

나트륨	식이섬유	칼슘	콜레스테롤	소금	인	철
113.4mg (5.7%)	2.5g (10.1%)	4.2mg (0.6%)	0mg (0%)	0.3g	30.5mg	0.5mg

육 류

닭고기(살코기)

평면접시(대)
용기크기(단위 : cm)

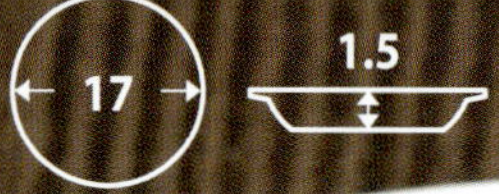

1인 1회 섭취분량 | **55g**

에너지	탄수화물	단백질	지질	비타민 A	비타민 B2	비타민 C
63kcal	0.1g	13.2g	0.8g	25.9㎍RE	0.1mg	0mg
나트륨	**식이섬유**	**칼슘**	**콜레스테롤**	**소금**	**인**	**철**
31.9mg (1.6%)	0g (0%)	6.1mg (0.9%)	40.2mg (13.4%)	0.1g	60.5mg	0.6mg

닭고기(성계)

평면접시(대)
용기크기(단위 : cm)

17 / 1.5

1인 1회 섭취분량 | 40g

에너지	탄수화물	단백질	지질	비타민 A	비타민 B_2	비타민 C
72kcal	0g	7.6g	4.2g	20.0㎍RE	0.1mg	0mg
나트륨	**식이섬유**	**칼슘**	**콜레스테롤**	**소금**	**인**	**철**
26.4mg (1.3%)	0g (0%)	4.0mg (0.6%)	36.0mg (12.0%)	0.1g	68.0mg	0.4mg

돼지고기(등심)

평면접시(대)
용기크기(단위 : cm)

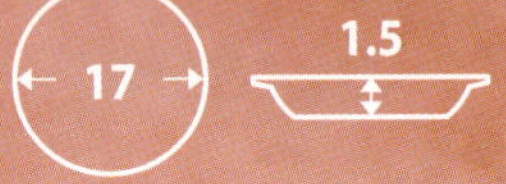

1인 1회 섭취분량 | **30g**

에너지	탄수화물	단백질	지질	비타민 A	비타민 B2	비타민 C
79kcal	0.1g	5.2g	6.0g	1.5㎍RE	0mg	0mg

나트륨	식이섬유	칼슘	콜레스테롤	소금	인	철
10.2mg (0.5%)	0g (0%)	1.8mg (0.3%)	16.5mg (5.5%)	0g	45.6mg	0.2mg

돼지고기(목살)

평면접시(대)
용기크기(단위 : cm)

17 / 1.5

1인 1회 섭취분량 | 25g

에너지	탄수화물	단백질	지질	비타민 A	비타민 B_2	비타민 C
45kcal	0.3g	5.1g	2.4g	1.8µgRE	0mg	0mg

나트륨	식이섬유	칼슘	콜레스테롤	소금	인	철
27.0mg (1.4%)	0g (0%)	2.5mg (0.4%)	16.5mg (5.5%)	0.1g	40.8mg	1.6mg

돼지고기(사태)

평면접시(대)
용기크기(단위 : cm)

지름 17, 높이 1.5

1인 1회 섭취분량 | **60g**

에너지	탄수화물	단백질	지질	비타민 A	비타민 B_2	비타민 C
72kcal	0g	13.2g	1.7g	3.0μgRE	0.1mg	0.6mg
나트륨	**식이섬유**	**칼슘**	**콜레스테롤**	**소금**	**인**	**철**
30.0mg (1.5%)	0g (0%)	2.4mg (0.3%)	41.4mg (13.8%)	0.1g	99.6mg	0.7mg

돼지고기(삼겹살)

평면접시(대)
용기크기(단위 : cm)

17 / 1.5

1인 1회 섭취분량 | **75g**

에너지	탄수화물	단백질	지질	비타민 A	비타민 B_2	비타민 C
248kcal	0.2g	12.9g	21.3g	4.5μgRE	0.2mg	0.8mg
나트륨	**식이섬유**	**칼슘**	**콜레스테롤**	**소금**	**인**	**철**
33.0mg (1.7%)	0g (0%)	6.0mg (0.9%)	48.0mg (16.0%)	0.1g	99.0mg	0.5mg

쇠고기(갈비)

평면접시(대)
용기크기(단위 : cm) 17 / 1.5

1인 1회 섭취분량 | **80g**

에너지	탄수화물	단백질	지질	비타민 A	비타민 B_2	비타민 C
246kcal	1.5g	13.2g	19.5g	2568.8μgRE	0.2mg	0mg

나트륨	식이섬유	칼슘	콜레스테롤	소금	인	철
101.6mg (5.1%)	0g (0%)	7.2mg (1.0%)	44.0mg (14.7%)	0.3g	88.0mg	2.4mg

쇠고기(등심)

평면접시(대)
용기크기(단위 : cm)

17 / 1.5

1인 1회 섭취분량 | **40g**

에너지	탄수화물	단백질	지질	비타민 A	비타민 B_2	비타민 C
77kcal	0.1g	8.0g	4.5g	2.8μgRE	0.1mg	0mg

나트륨	식이섬유	칼슘	콜레스테롤	소금	인	철
176.8mg (8.8%)	0g (0%)	8.8mg (1.3%)	34.8mg (11.6%)	0.4g	68.8mg	1.8mg

쇠고기(양지)

평면접시(대)
용기크기(단위 : cm)

17
1.5

1인 1회 섭취분량 | **25g**

에너지	탄수화물	단백질	지질	비타민 A	비타민 B_2	비타민 C
42kcal	0.1g	5.3g	2.0g	3.5㎍RE	0mg	0mg

나트륨	식이섬유	칼슘	콜레스테롤	소금	인	철
90.3mg (4.5%)	0g (0%)	4.0mg (0.6%)	24.5mg (8.2%)	0.2g	39.5mg	1.3mg

오리고기

평면접시(특대)
용기크기(단위 : cm)
18.8
1.7

1인 1회 섭취분량 | **95g**

에너지	탄수화물	단백질	지질	비타민 A	비타민 B_2	비타민 C
302kcal	0.1g	15.2g	26.2g	5.7㎍RE	0.3mg	1.9mg
나트륨	**식이섬유**	**칼슘**	**콜레스테롤**	**소금**	**인**	**철**
80.8mg (4.0%)	0g (0%)	14.3mg (2.0%)	77.9mg (26.0%)	0.2g	171.0mg	1.6mg

양지국물

대접 1
용기크기(단위 : cm) 13.5 × 5

1인 1회 섭취분량 | **145g**

에너지	탄수화물	단백질	지질	비타민 A	비타민 B_2	비타민 C
6kcal	0g	1.5g	0g	0μgRE	0mg	0mg

나트륨	식이섬유	칼슘	콜레스테롤	소금	인	철
37.7mg (1.9%)	0g (0%)	2.9mg (0.4%)	–	0.1g	34.8mg	0.7mg

우족국물

대접 1
용기크기(단위 : cm) 13.5 / 5

1인 1회 섭취분량 | **250g**

에너지	탄수화물	단백질	지질	비타민 A	비타민 B2	비타민 C
40kcal	2.8g	2.3g	2.0g	25.0μgRE	0mg	0mg
나트륨	**식이섬유**	**칼슘**	**콜레스테롤**	**소금**	**인**	**철**
87.5mg (4.4%)	0g (0%)	2.5mg (0.4%)	–	0.2g	2.5mg	0.8mg

소잡뼈국물

대접 1
용기크기(단위 : cm) 13.5 / 5

1인 1회 섭취분량 | 145g

에너지	탄수화물	단백질	지질	비타민 A	비타민 B_2	비타민 C
38kcal	0g	6.2g	1.5g	0μgRE	0mg	0mg
나트륨	**식이섬유**	**칼슘**	**콜레스테롤**	**소금**	**인**	**철**
88.4mg (4.4%)	0g (0%)	2.9mg (0.4%)	–	0.2g	5.8mg	2.3mg

난 류

달걀

평면접시(소)
용기크기(단위 : cm)

13.5 / 2

1인 1회 섭취분량 | **50g**

에너지	탄수화물	단백질	지질	비타민 A	비타민 B_2	비타민 C
69kcal	1.4g	5.9g	4.1g	79.5μgRE	0.1mg	0mg

나트륨	식이섬유	칼슘	콜레스테롤	소금	인	철
76.0mg (3.8%)	0g (0%)	21.5mg (3.1%)	210.0mg (70.0%)	0.2g	81.0mg	0.7mg

어패류

128 갈치 · 129 게 · 130 고등어(생것) · 131 고등어(염장품, 자반)
132 굴 · 133 꽁치 · 134 다랑어/참치(통조림) · 135 동태
136 멸치(큰멸치, 자건품) · 137 멸치(중멸치, 자건품)
138 멸치(잔멸치, 자건품) · 139 멸치액젓 · 140 멸치젓
141 명태(북어) · 142 바지락조개 · 143 새우 · 144 새우(자건품)
145 새우젓(백하젓) · 146 새우젓(육젓) · 147 어묵 · 148 어묵(게맛살)
149 오징어 · 150 오징어(조미포) · 151 조기 · 152 조기(염건품)

갈치

평면접시(대)
용기크기(단위 : cm)

17 / 1.5

1인 1회 섭취분량 | **15g**

에너지	탄수화물	단백질	지질	비타민 A	비타민 B_2	비타민 C
22kcal	0g	2.8g	1.1g	3.0μgRE	0mg	0.2mg
나트륨	**식이섬유**	**칼슘**	**콜레스테롤**	**소금**	**인**	**철**
15.0mg (0.8%)	0g (0%)	6.9mg (1.0%)	10.8mg (3.6%)	0g	28.6mg	0.2mg

게

평면접시(대)
용기크기(단위 : cm)

17 / 1.5

1인 1회 섭취분량 | **9g**

에너지	탄수화물	단백질	지질	비타민 A	비타민 B_2	비타민 C
7kcal	0.2g	1.2g	0.1g	0μgRE	0mg	0mg
나트륨	**식이섬유**	**칼슘**	**콜레스테롤**	**소금**	**인**	**철**
27.4mg (1.4%)	0g (0%)	10.6mg (1.5%)	7.1mg (2.4%)	0.1g	16.4mg	0.3mg

고등어(생것)

평면접시(대)
용기크기(단위 : cm)

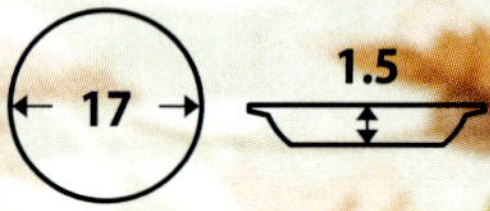

1인 1회 섭취분량 | **20g**

에너지	탄수화물	단백질	지질	비타민 A	비타민 B_2	비타민 C
37kcal	0g	4.0g	2.1g	4.6μgRE	0.1mg	0.2mg
나트륨	**식이섬유**	**칼슘**	**콜레스테롤**	**소금**	**인**	**철**
15.0mg (0.8%)	0g (0%)	5.2mg (0.7%)	9.6mg (3.2%)	0g	46.4mg	0.3mg

고등어(염장품, 자반)

평면접시(대)
용기크기(단위 : cm) 17 / 1.5

1인 1회 섭취분량 | **30g**

에너지	탄수화물	단백질	지질	비타민 A	비타민 B_2	비타민 C
52kcal	0g	8.1g	1.9g	2.7μgRE	0.1mg	0mg

나트륨	식이섬유	칼슘	콜레스테롤	소금	인	철
540.0mg (27.0%)	0g (0%)	11.7mg (1.7%)	17.7mg (5.9%)	1.4g	78.9mg	0.9mg

굴

평면접시(중)
용기크기(단위 : cm)

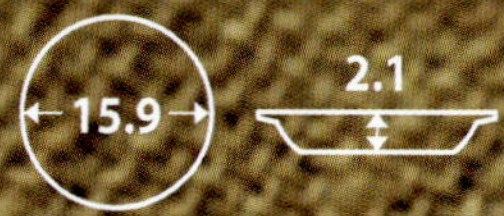

1인 1회 섭취분량 | **15g**

에너지	탄수화물	단백질	지질	비타민 A	비타민 B_2	비타민 C
13kcal	0.8g	1.6g	0.4g	3.2㎍RE	0mg	0.4mg

나트륨	식이섬유	칼슘	콜레스테롤	소금	인	철
40.5mg (2.0%)	0g (0%)	12.6mg (1.8%)	5.4mg (1.8%)	0.1g	22.5mg	0.6mg

꽁치

평면접시(대)
용기크기(단위 : cm)

17 / 1.5

1인 1회 섭취분량 | **20g**

에너지	탄수화물	단백질	지질	비타민 A	비타민 B2	비타민 C
33kcal	0g	3.9g	1.7g	4.2㎍RE	0.1mg	0.2mg

나트륨	식이섬유	칼슘	콜레스테롤	소금	인	철
16.0mg (0.8%)	0g (0%)	10.8mg (1.5%)	13.8mg (4.6%)	0g	46.8mg	0.4mg

다랑어/참치(통조림)

평면접시(중)
용기크기(단위 : cm)

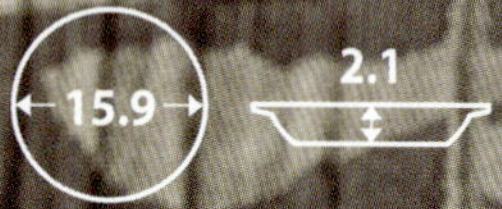

1인 1회 섭취분량 | **20g**

에너지	탄수화물	단백질	지질	비타민 A	비타민 B2	비타민 C
59kcal	0g	3.6g	4.7g	0μgRE	0mg	0mg

나트륨	식이섬유	칼슘	콜레스테롤	소금	인	철
87.0mg (4.4%)	0g (0%)	1.4mg (0.2%)	7.6mg (2.5%)	0.2g	28.8mg	0.3mg

동태

평면접시(대)
용기크기(단위 : cm)

지름 17, 높이 1.5

1인 1회 섭취분량 | 30g

에너지	탄수화물	단백질	지질	비타민 A	비타민 B_2	비타민 C
22kcal	0g	4.8g	0.2g	2.7μgRE	0mg	0mg

나트륨	식이섬유	칼슘	콜레스테롤	소금	인	철
63.0mg (3.2%)	0g (0%)	14.4mg (2.1%)	22.2mg (7.4%)	0.2g	60.0mg	0.1mg

멸치(큰멸치, 자건품)

평면접시(소)
용기크기(단위 : cm) 13.5 / 2

1인 1회 섭취분량 | 2g

에너지	탄수화물	단백질	지질	비타민 A	비타민 B_2	비타민 C
6kcal	0.1g	0.9g	0.2g	0㎍RE	0mg	0mg

나트륨	식이섬유	칼슘	콜레스테롤	소금	인	철
17.6mg (0.9%)	0g (0%)	38.1mg (5.4%)	–	0g	28.6mg	0.3mg

멸치(중멸치, 자건품)

평면접시(소)
용기크기(단위 : cm)

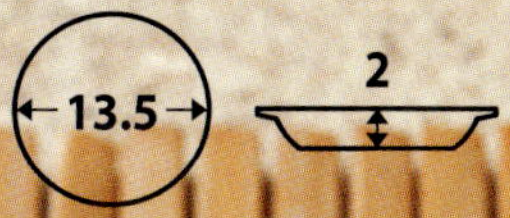

1인 1회 섭취분량 | **3g**

에너지	탄수화물	단백질	지질	비타민 A	비타민 B_2	비타민 C
7kcal	0.1g	1.2g	0.2g	0μgRE	0mg	0mg

나트륨	식이섬유	칼슘	콜레스테롤	소금	인	철
26.1mg (1.3%)	0g (0%)	38.7mg (5.5%)	3.4mg (1.1%)	0.1g	43.8mg	0.5mg

멸치(잔멸치, 자건품)

평면접시(소)
용기크기(단위 : cm)

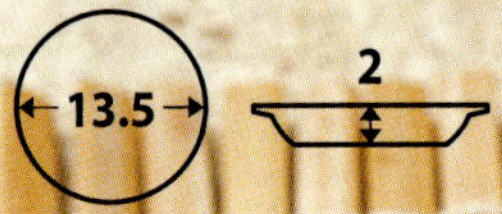

1인 1회 섭취분량 | **4g**

에너지	탄수화물	단백질	지질	비타민 A	비타민 B_2	비타민 C
10kcal	0g	1.7g	0.2g	0μgRE	0mg	0mg
나트륨	**식이섬유**	**칼슘**	**콜레스테롤**	**소금**	**인**	**철**
35.0mg (1.7%)	0g (0%)	36.1mg (5.2%)	–	0.1g	39.1mg	0.2mg

멸치액젓

계량스푼(1/4티스푼)

용기크기(단위 : cm)

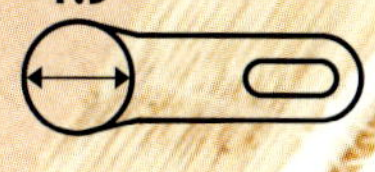

1인 1회 섭취분량 | 1g

에너지	탄수화물	단백질	지질	비타민 A	비타민 B_2	비타민 C
0kcal	0g	0.1g	0g	0μgRE	0mg	0mg

나트륨	식이섬유	칼슘	콜레스테롤	소금	인	철
57.1mg (2.9%)	0g (0%)	0.3mg (0%)	–	0.1g	0.2mg	0mg

멸치젓

종지 2
용기크기(단위 : cm) 11.4 / 2.1

1인 1회 섭취분량 | **2g**

에너지	탄수화물	단백질	지질	비타민 A	비타민 B_2	비타민 C
3kcal	0g	0.3g	0.2g	1.2μgRE	0mg	0mg

나트륨	식이섬유	칼슘	콜레스테롤	소금	인	철
236.5mg (11.8%)	0g (0%)	11.8mg (1.7%)	–	0.6g	7.0mg	0.1mg

명태(북어)

평면접시(소)
용기크기(단위 : cm)
13.5
2

평면접시(중)
용기크기(단위 : cm)
15.9
2.1

1인 1회 섭취분량 | **5g**

에너지	탄수화물	단백질	지질	비타민 A	비타민 B2	비타민 C
15kcal	0g	3.1g	0.2g	0μgRE	0mg	0mg
나트륨	**식이섬유**	**칼슘**	**콜레스테롤**	**소금**	**인**	**철**
24.8mg (1.2%)	0g (0%)	12.1mg (1.7%)	–	0.1g	29.1mg	0.1mg

바지락조개

평면접시(소)
용기크기(단위 : cm) 13.5 / 2

1인 1회 섭취분량 | **8g**

에너지	탄수화물	단백질	지질	비타민 A	비타민 B2	비타민 C
5kcal	0.1g	1.0g	0.1g	1.1μgRE	0mg	0.2mg
나트륨	**식이섬유**	**칼슘**	**콜레스테롤**	**소금**	**인**	**철**
29.6mg (1.5%)	0g (0%)	7.2mg (1.0%)	3.2mg (1.1%)	0.1g	14.8mg	1.1mg

새우

평면접시(소)
용기크기(단위 : cm)

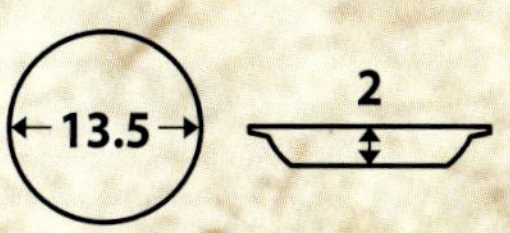

1인 1회 섭취분량 | **7g**

에너지	탄수화물	단백질	지질	비타민 A	비타민 B_2	비타민 C
7kcal	0g	1.4g	0.1g	0μgRE	0mg	0.1mg
나트륨	**식이섬유**	**칼슘**	**콜레스테롤**	**소금**	**인**	**철**
18.9mg (0.9%)	0g (0%)	5.4mg (0.8%)	11.9mg (4.0%)	0g	18.2mg	0.2mg

새우(자건품)

종지 1
용기크기(단위 : cm)

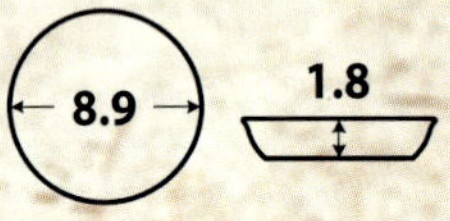

1인 1회 섭취분량 | **1g**

에너지	탄수화물	단백질	지질	비타민 A	비타민 B_2	비타민 C
3kcal	0g	0.5g	0.1g	0μgRE	0mg	0mg

나트륨	식이섬유	칼슘	콜레스테롤	소금	인	철
0mg (0%)	0g (0%)	27.7mg (4.0%)	–	0g	9.8mg	0.1mg

새우젓(백하젓)

종지 1
용기크기(단위 : cm)

8.9 / 1.8

1인 1회 섭취분량 | **3g**

에너지	탄수화물	단백질	지질	비타민 A	비타민 B2	비타민 C
2kcal	0g	0.3g	0g	0㎍RE	0mg	0mg

나트륨	식이섬유	칼슘	콜레스테롤	소금	인	철
186.0mg (9.3%)	0g (0%)	26.1mg (3.7%)	–	0.5g	6.9mg	0.2mg

새우젓(육젓)

종지 1
용기크기(단위 : cm) 8.9 1.8

1인 1회 섭취분량 | **1g**

에너지	탄수화물	단백질	지질	비타민 A	비타민 B_2	비타민 C
0kcal	0g	0.1g	0g	0.5μgRE	0mg	0mg
나트륨	**식이섬유**	**칼슘**	**콜레스테롤**	**소금**	**인**	**철**
65.1mg (3.3%)	0g (0%)	3.3mg (0.5%)	–	0.2g	1.1mg	0mg

어묵

평면접시(중)
용기크기(단위 : cm)

15.9 2.1

1인 1회 섭취분량 | 25g

에너지	탄수화물	단백질	지질	비타민 A	비타민 B2	비타민 C
35kcal	4.4g	3.0g	0.6g	0μgRE	0mg	0mg
나트륨	**식이섬유**	**칼슘**	**콜레스테롤**	**소금**	**인**	**철**
187.3mg (9.4%)	0g (0%)	14.5mg (2.1%)	5.0mg (1.7%)	0.5g	22.0mg	0.2mg

어묵(게맛살)

평면접시(소)
용기크기(단위 : cm)

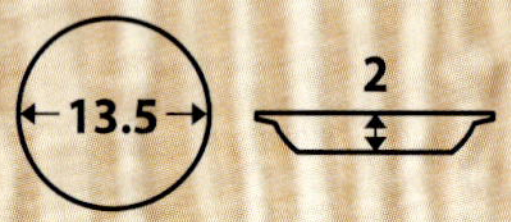

1인 1회 섭취분량 | 10g

에너지	탄수화물	단백질	지질	비타민 A	비타민 B2	비타민 C
11kcal	1.5g	1.1g	0.1g	0μgRE	0mg	0mg
나트륨	**식이섬유**	**칼슘**	**콜레스테롤**	**소금**	**인**	**철**
79.2mg (4.0%)	0g (0%)	21.8mg (3.1%)	1.7mg (0.6%)	0.2g	19.9mg	0.1mg

오징어

평면접시(대)
용기크기(단위 : cm)

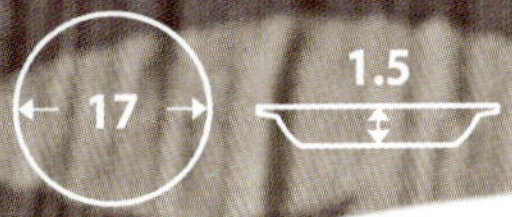

1인 1회 섭취분량 | **30g**

에너지	탄수화물	단백질	지질	비타민 A	비타민 B2	비타민 C
29kcal	0g	5.8g	0.4g	0.6㎍RE	0mg	0mg
나트륨	**식이섬유**	**칼슘**	**콜레스테롤**	**소금**	**인**	**철**
54.3mg (2.7%)	0g (0%)	7.5mg (1.1%)	88.2mg (29.4%)	0.1g	81.9mg	0.2mg

오징어(조미포)

평면접시(소)
용기크기(단위 : cm)

13.5 / 2

1인 1회 섭취분량 | **5g**

에너지	탄수화물	단백질	지질	비타민 A	비타민 B_2	비타민 C
15kcal	0g	3.2g	0.1g	0㎍RE	0mg	0mg

나트륨	식이섬유	칼슘	콜레스테롤	소금	인	철
46.5mg (2.3%)	0g (0%)	1.8mg (0.3%)	–	0.1g	31.9mg	0.2mg

조기

평면접시(대)
용기크기(단위 : cm) 17 / 1.5

1인 1회 섭취분량 | **20g**

에너지	탄수화물	단백질	지질	비타민 A	비타민 B_2	비타민 C
19kcal	0g	3.7g	0.3g	1.6μgRE	0mg	0.2mg
나트륨	**식이섬유**	**칼슘**	**콜레스테롤**	**소금**	**인**	**철**
31.0mg (1.6%)	0g (0%)	7.2mg (1.0%)	13.2mg (4.4%)	0.1g	35.0mg	0.2mg

조기(염건품)

평면접시(대)
용기크기(단위 : cm)

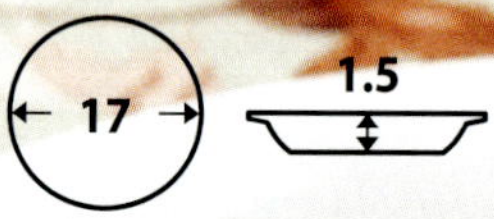

1인 1회 섭취분량 | 10g

에너지	탄수화물	단백질	지질	비타민 A	비타민 B_2	비타민 C
33kcal	0g	4.4g	1.5g	0μgRE	0mg	0mg
나트륨	**식이섬유**	**칼슘**	**콜레스테롤**	**소금**	**인**	**철**
41.2mg (2.1%)	0g (0%)	6.8mg (1.0%)	–	0.1g	56.0mg	1.4mg

해조류

김(마른 것)

평면접시(특대)
용기크기(단위 : cm)

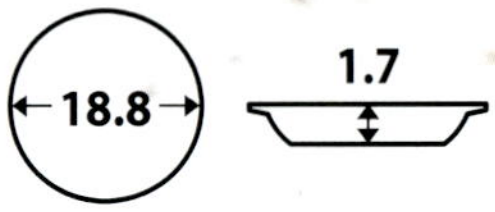

1인 1회 섭취분량 | **2g**

에너지	탄수화물	단백질	지질	비타민 A	비타민 B_2	비타민 C
2kcal	0.8g	0.8g	0g	75.0μgRE	0.1mg	1.9mg

나트륨	식이섬유	칼슘	콜레스테롤	소금	인	철
25.9mg (1.3%)	0.7g (2.7%)	6.5mg (0.9%)	0.4mg (0.1%)	0.1g	15.2mg	0.4mg

다시마(마른 것)

평면접시(대)
용기크기(단위 : cm)

17 / 1.5

1인 1회 섭취분량 | **1g**

에너지	탄수화물	단백질	지질	비타민 A	비타민 B2	비타민 C
1kcal	0.5g	0.1g	0g	1.0㎍RE	0mg	0.2mg

나트륨	식이섬유	칼슘	콜레스테롤	소금	인	철
31.0mg (1.6%)	0.3g (1.1%)	7.1mg (1.0%)	0mg (0%)	0.1g	1.9mg	0.1mg

미역(생것)

평면접시(대)
용기크기(단위 : cm)

지름 17, 높이 1.5

1인 1회 섭취분량 | 20g

에너지	탄수화물	단백질	지질	비타민 A	비타민 B_2	비타민 C
2kcal	1.0g	0.4g	0g	61.6μgRE	0mg	3.6mg

나트륨	식이섬유	칼슘	콜레스테롤	소금	인	철
0mg (0%)	0.7g (2.9%)	30.6mg (4.4%)	0mg (0%)	0g	8.0mg	0.2mg

미역(마른 것)

평면접시(중)
용기크기(단위 : cm)

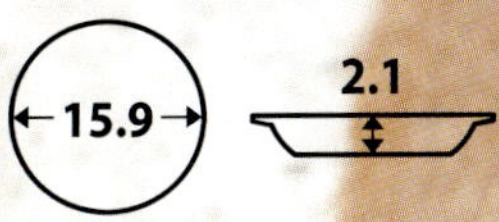

1인 1회 섭취분량 | 5g

에너지	탄수화물	단백질	지질	비타민 A	비타민 B_2	비타민 C
5kcal	1.8g	1.0g	0.1g	27.8μgRE	0.1mg	0.9mg

나트륨	식이섬유	칼슘	콜레스테롤	소금	인	철
305.0mg (15.3%)	2.2g (8.7%)	48.0mg (6.9%)	0mg (0%)	0.8g	15.4mg	0.5mg

우유·유제품류

우유

1인 1회 섭취분량 | **200ml**

에너지	탄수화물	단백질	지질	비타민 A	비타민 B_2	비타민 C
120kcal	9.4g	6.4g	6.4g	56.0μgRE	0.3mg	2.0mg

나트륨	식이섬유	칼슘	콜레스테롤	소금	인	철
110.0mg (5.5%)	0g (0%)	210.0mg (30.0%)	22.0mg (7.3%)	0.3g	178.0mg	0.2mg

요구르트(액상)

1인 1회 섭취분량 | **65ml**

에너지	탄수화물	단백질	지질	비타민 A	비타민 B_2	비타민 C
42kcal	9.7g	1.0g	0.1g	0μgRE	0.1mg	0mg

나트륨	식이섬유	칼슘	콜레스테롤	소금	인	철
40.3mg (2.0%)	0g (0%)	25.4mg (3.6%)	2.0mg (0.7%)	0.1g	18.2mg	0.1mg

요구르트(호상)

1인 1회 섭취분량 | **100g**

에너지	탄수화물	단백질	지질	비타민 A	비타민 B_2	비타민 C
56kcal	6.9g	5.2g	0.8g	30.0㎍RE	0.1mg	0mg

나트륨	식이섬유	칼슘	콜레스테롤	소금	인	철
47.0mg (2.4%)	0g (0%)	102.0mg (14.6%)	11.0mg (3.7%)	0.1g	87.0mg	0.6mg

Milk
Milk

유지류

들기름

계량스푼(1티스푼)

용기크기(단위 : cm)

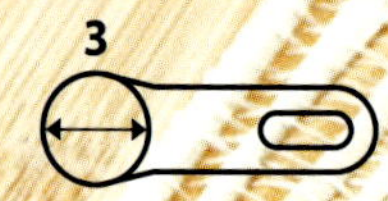

1인 1회 섭취분량 | **4g**

에너지	탄수화물	단백질	지질	비타민 A	비타민 B_2	비타민 C
35kcal	0g	0g	4.0g	0μgRE	0mg	0mg
나트륨	**식이섬유**	**칼슘**	**콜레스테롤**	**소금**	**인**	**철**
0mg (0%)	0g (0%)	0mg (0%)	0mg (0%)	0g	0mg	0mg

마요네즈

계량스푼(1테이블스푼)

용기크기(단위 : cm)

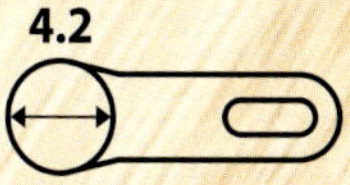

1인 1회 섭취분량 | **10g**

에너지	탄수화물	단백질	지질	비타민 A	비타민 B2	비타민 C
70kcal	0.4g	0.1g	7.6g	2.1㎍RE	0mg	0mg
나트륨	**식이섬유**	**칼슘**	**콜레스테롤**	**소금**	**인**	**철**
45.0mg (2.3%)	0g (0%)	1.7mg (0.2%)	15.0mg (5.0%)	0.1g	3.3mg	0mg

올리브유

계량스푼(1티스푼)

용기크기(단위 : cm)

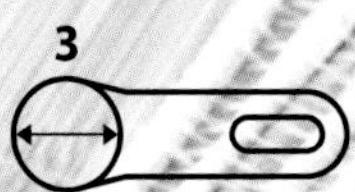

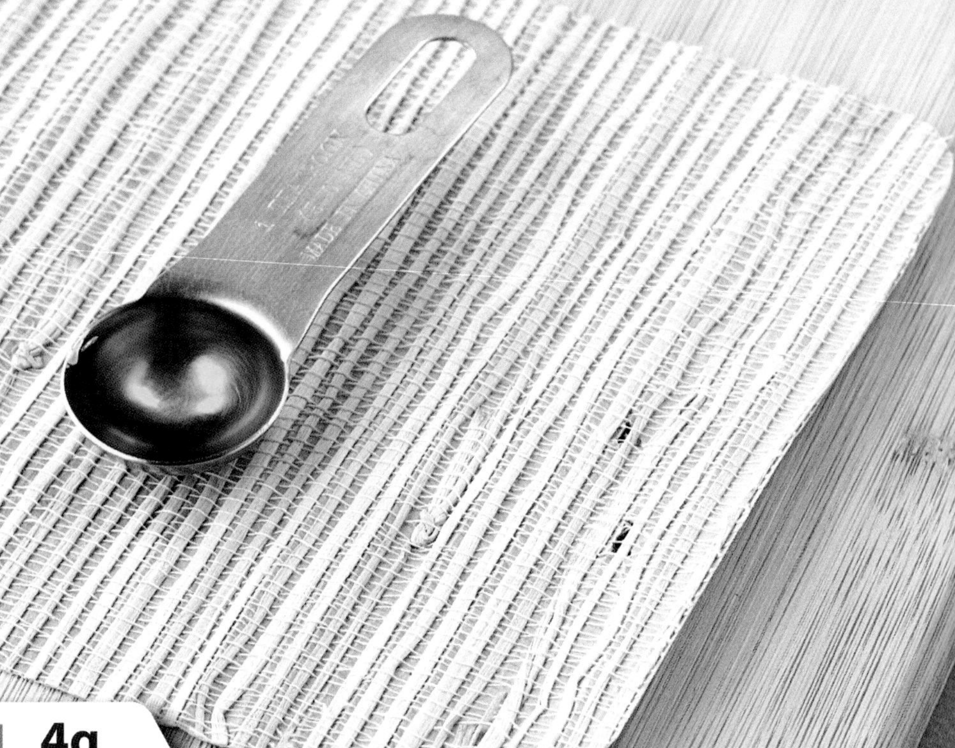

1인 1회 섭취분량 | **4g**

에너지	탄수화물	단백질	지질	비타민 A	비타민 B_2	비타민 C
37kcal	0g	0g	4.0g	0μgRE	0mg	0mg

나트륨	식이섬유	칼슘	콜레스테롤	소금	인	철
1.0mg (0.1%)	0g (0%)	0.1mg (0%)	0mg (0%)	0g	0.4mg	0mg

참기름

계량스푼(1티스푼)

용기크기(단위 : cm)

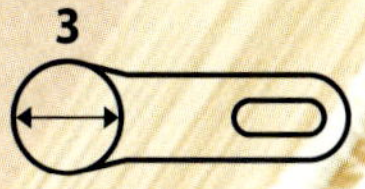

1인 1회 섭취분량 | **4g**

에너지	탄수화물	단백질	지질	비타민 A	비타민 B2	비타민 C
35kcal	0g	0g	4.0g	0μgRE	0mg	0mg

나트륨	식이섬유	칼슘	콜레스테롤	소금	인	철
0mg (0%)	0g (0%)	0mg (0%)	0mg (0%)	0g	0mg	0mg

커피프림

계량스푼(1티스푼 x 2)

용기크기(단위 : cm)

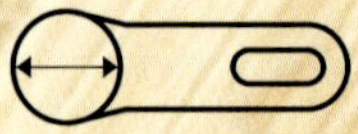

1인 1회 섭취분량 | **6g**

에너지	탄수화물	단백질	지질	비타민 A	비타민 B_2	비타민 C
33kcal	3.4g	0.2g	2.1g	0µgRE	0mg	0mg

나트륨	식이섬유	칼슘	콜레스테롤	소금	인	철
17.9mg (0.9%)	0g (0%)	5.9mg (0.8%)	0.1mg (0%)	0g	20.2mg	0mg

콩기름

계량스푼(1티스푼)

용기크기(단위 : cm)

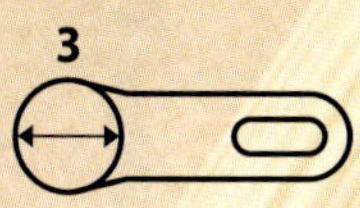

1인 1회 섭취분량 | **4g**

에너지	탄수화물	단백질	지질	비타민 A	비타민 B_2	비타민 C
35kcal	0g	0g	4.0g	0μgRE	0mg	0mg
나트륨	**식이섬유**	**칼슘**	**콜레스테롤**	**소금**	**인**	**철**
0mg (0%)	0g (0%)	0mg (0%)	0mg (0%)	0g	0mg	0mg

음료·주류

녹차

커피잔
용기크기(단위 : cm)

1인 1회 섭취분량 | **180ml**

에너지	탄수화물	단백질	지질	비타민 A	비타민 B2	비타민 C
2kcal	0.4g	0g	0g	0μgRE	0mg	5.4mg

나트륨	식이섬유	칼슘	콜레스테롤	소금	인	철
9.0mg (0.5%)	0g (0%)	5.4mg (0.8%)	0mg (0%)	0g	0mg	0.5mg

쌀음료

1인 1회 섭취분량 | **180ml**

에너지	탄수화물	단백질	지질	비타민 A	비타민 B2	비타민 C
99kcal	20.5g	0.4g	1.4g	0μgRE	0mg	23.0mg

나트륨	식이섬유	칼슘	콜레스테롤	소금	인	철
11.0mg (0.6)	–	76.0mg (1.6%)	–	0g	32.0mg	0mg

* 식품성분표(7개정판) 미수록 자료로 농촌진흥청 자체 분석 데이터

오렌지주스

1인 1회 섭취분량 | **180ml**

에너지	탄수화물	단백질	지질	비타민 A	비타민 B_2	비타민 C
65kcal	16.2g	1.3g	0.2g	19.8㎍RE	0.1mg	104.4mg

나트륨	식이섬유	칼슘	콜레스테롤	소금	인	철
1.8mg (0.1%)	–	10.8mg (1.5%)	0mg (0%)	0g	14.4mg	0.7mg

커피믹스

1인 1회 섭취분량 | **12g**

에너지	탄수화물	단백질	지질	비타민 A	비타민 B_2	비타민 C
39kcal	10.8g	0.4g	0.3g	0μgRE	0.08mg	0mg
나트륨	**식이섬유**	**칼슘**	**콜레스테롤**	**소금**	**인**	**철**
3.0mg (0.2%)	–	14.0mg (2.0%)	–	0g	36.0mg	0.02mg

* 식품성분표(7개정판) 미수록 자료로 농촌진흥청 자체 분석 데이터

커피분말

계량스푼(1티스푼 x 2)

용기크기(단위 : cm)

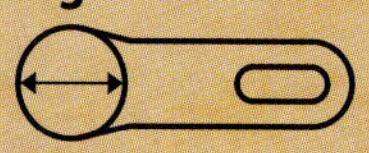

1인 1회 섭취분량 | **2g**

에너지	탄수화물	단백질	지질	비타민 A	비타민 B_2	비타민 C
7kcal	1.4g	0.4g	0g	0μgRE	0mg	0mg

나트륨	식이섬유	칼슘	콜레스테롤	소금	인	철
0.6mg (0%)	0g (0%)	3.2mg (0.5%)	0mg (0%)	0g	7.1mg	0.1mg

커피

커피분말 1.6g, 커피프림 2.3g, 설탕 5.6g

커피잔
용기크기(단위 : cm)

9.1 8.5

1인 1회 섭취분량 | **120ml**

에너지	탄수화물	단백질	지질	비타민 A	비타민 B2	비타민 C
40kcal	8.0g	0.4g	0.8g	0㎍RE	0mg	0mg
나트륨	**식이섬유**	**칼슘**	**콜레스테롤**	**소금**	**인**	**철**
7.6mg (0.4%)	0g (0%)	5.0mg (0.7%)	0mg (0%)	0g	13.5mg	0.1mg

막걸리

대접 1
용기크기(단위 : cm)

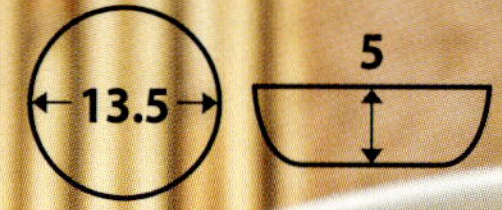

1인 1회 섭취분량 | **340ml**

에너지	탄수화물	단백질	지질	비타민 A	비타민 B_2	비타민 C
156kcal	6.1g	5.4g	0g	0μgRE	0.1mg	3.4mg
나트륨	**식이섬유**	**칼슘**	**콜레스테롤**	**소금**	**인**	**철**
20.4mg (1.0%)	2.0g (8.2%)	20.4mg (2.9%)	0mg (0%)	0.1g	47.6mg	0.3mg

맥주

맥주잔

용기크기(단위 : cm)

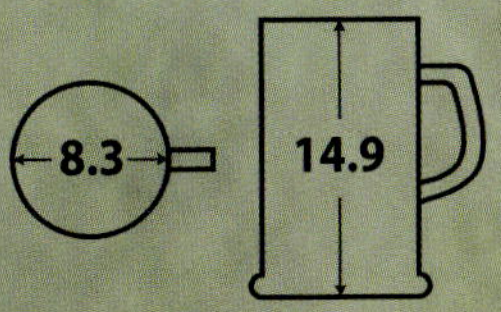

1인 1회 섭취분량 | **475ml**

에너지	탄수화물	단백질	지질	비타민 A	비타민 B_2	비타민 C
176kcal	13.3g	1.4g	0g	0μgRE	0.1mg	0mg

나트륨	식이섬유	칼슘	콜레스테롤	소금	인	철
23.8mg (1.2%)	0g (0%)	9.5mg (1.4%)	0mg (0%)	0.1g	85.5mg	0mg

소주

소주잔
용기크기(단위 : cm)

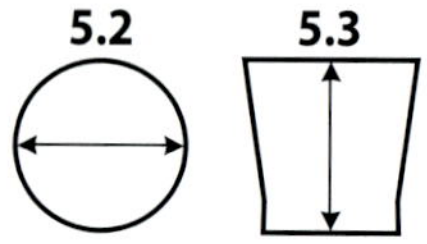

1인 1회 섭취분량 | **45ml**

에너지	탄수화물	단백질	지질	비타민 A	비타민 B_2	비타민 C
63kcal	0g	0g	0g	0μgRE	0mg	0mg

나트륨	식이섬유	칼슘	콜레스테롤	소금	인	철
0mg (0%)	0g (0%)	0mg (0%)	0mg (0%)	0g	0mg	0mg

청주

소주잔
용기크기(단위 : cm)

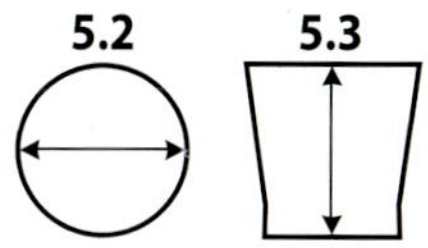

1인 1회 섭취분량 | **45ml**

에너지	탄수화물	단백질	지질	비타민 A	비타민 B_2	비타민 C
48kcal	1.9g	0.3g	0g	0μgRE	0mg	0mg

나트륨	식이섬유	칼슘	콜레스테롤	소금	인	철
0.9mg (0%)	0g (0%)	0.9mg (0.1%)	0mg (0%)	0g	3.6mg	0mg

조미료류

간장

계량스푼(1티스푼)

용기크기(단위 : cm)

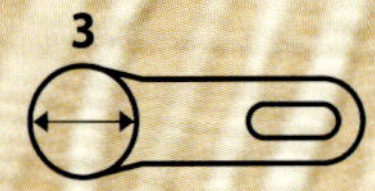

1인 1회 섭취분량 | 5g

에너지	탄수화물	단백질	지질	비타민 A	비타민 B_2	비타민 C
3kcal	0.2g	0.4g	0g	0μgRE	0mg	0mg

나트륨	식이섬유	칼슘	콜레스테롤	소금	인	철
292.9mg (14.6%)	0g (0%)	2.0mg (0.3%)	0mg (0%)	0.7g	7.8mg	0.1mg

고추장

계량스푼(1티스푼)
용기크기(단위 : cm)

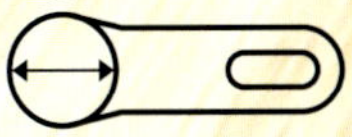

1인 1회 섭취분량 | **5g**

에너지	탄수화물	단백질	지질	비타민 A	비타민 B_2	비타민 C
8kcal	2.1g	0.3g	0g	20.4㎍RE	0mg	0.3mg

나트륨	식이섬유	칼슘	콜레스테롤	소금	인	철
165.6mg (8.3%)	0.2g (0.8%)	5.4mg (0.8%)	0mg (0%)	0.4g	5.1mg	0.1mg

고춧가루

계량스푼(1/2티스푼)

용기크기(단위 : cm)

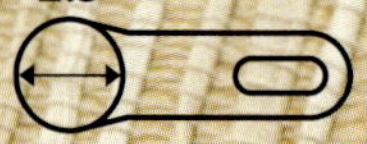

1인 1회 섭취분량 | **1g**

에너지	탄수화물	단백질	지질	비타민 A	비타민 B_2	비타민 C
3kcal	0.6g	0.1g	0.1g	34.4㎍RE	0mg	0.3mg
나트륨	**식이섬유**	**칼슘**	**콜레스테롤**	**소금**	**인**	**철**
0.2mg (0%)	0.4g (1.6%)	0.6mg (0.1%)	0mg (0%)	0g	2.1mg	0.1mg

깨소금

계량스푼(1/2티스푼)

용기크기(단위 : cm)

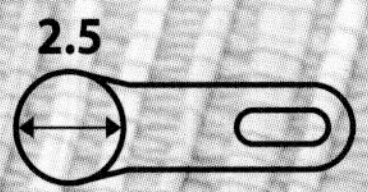

1인 1회 섭취분량 | 1g

에너지	탄수화물	단백질	지질	비타민 A	비타민 B2	비타민 C
6kcal	0.1g	0.2g	0.6g	0μgRE	0mg	0mg
나트륨	**식이섬유**	**칼슘**	**콜레스테롤**	**소금**	**인**	**철**
0mg (0%)	0.2g (0.7%)	12.2mg (1.7%)	0mg (0%)	0g	6.4mg	0.2mg

된장

계량스푼(1티스푼 x 2)

용기크기(단위 : cm)

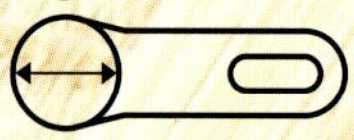

1인 1회 섭취분량 | **10g**

에너지	탄수화물	단백질	지질	비타민 A	비타민 B_2	비타민 C
13kcal	1.5g	1.1g	0.4g	3.0μgRE	0mg	1.6mg
나트륨	**식이섬유**	**칼슘**	**콜레스테롤**	**소금**	**인**	**철**
499.1mg (25.0%)	0.4g (1.7%)	8.1mg (1.2%)	0mg (0%)	1.3g	14.2mg	0.7mg

분말조미료

계량스푼(1/4티스푼)

용기크기(단위 : cm)

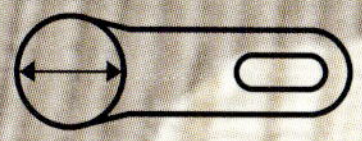

1인 1회 섭취분량 | **0.5g**

에너지	탄수화물	단백질	지질	비타민 A	비타민 B2	비타민 C
1kcal	0.2g	0.1g	0g	0.1μgRE	0mg	0mg

나트륨	식이섬유	칼슘	콜레스테롤	소금	인	철
131.2mg (6.6%)	0g (0%)	0.1mg (0%)	–	0.3g	0.4mg	0mg

소금

계량스푼(1/4티스푼)
용기크기(단위 : cm)

1.9

1인 1회 섭취분량 | 1g

에너지	탄수화물	단백질	지질	비타민 A	비타민 B_2	비타민 C
0kcal	0g	0g	0g	0μgRE	0mg	0mg

나트륨	식이섬유	칼슘	콜레스테롤	소금	인	철
336.0mg (16.8%)	0g (0%)	0.4mg (0.1%)	0mg (0%)	1.0g	0mg	0mg

식초

계량스푼(1티스푼)

용기크기(단위 : cm)

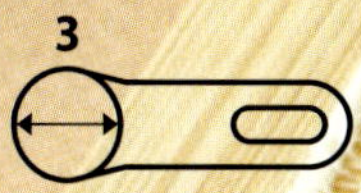

1인 1회 섭취분량 | **4g**

에너지	탄수화물	단백질	지질	비타민 A	비타민 B2	비타민 C
1kcal	0.1g	0g	0g	0㎍RE	0mg	0mg
나트륨	**식이섬유**	**칼슘**	**콜레스테롤**	**소금**	**인**	**철**
0.1mg (0%)	0g (0%)	0.1mg (0%)	0mg (0%)	0g	0.4mg	0mg

쌈장

계량스푼(1티스푼 x 2)

용기크기(단위 : cm)

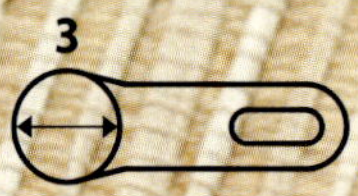

1인 1회 섭취분량 | **10g**

에너지	탄수화물	단백질	지질	비타민 A	비타민 B2	비타민 C
19kcal	3.0g	1.0g	0.5g	5.5μgRE	0mg	0mg

나트륨	식이섬유	칼슘	콜레스테롤	소금	인	철
328.8mg (16.4%)	0.5g (2.0%)	6.8mg (1.0%)	0mg (0%)	0.8g	17.1mg	0.2mg

조미소

계량스푼(1/4티스푼)

용기크기(단위 : cm)

1.9

1인 1회 섭취분량 | **1g**

에너지	탄수화물	단백질	지질	비타민 A	비타민 B_2	비타민 C
2kcal	0.2g	0.5g	0g	0㎍RE	0mg	0mg

나트륨	식이섬유	칼슘	콜레스테롤	소금	인	철
159.4mg (8.0%)	0g (0%)	0mg (0%)	0mg (0%)	0.4g	0.8mg	0mg

청국장

계량스푼(1테이블스푼)

용기크기(단위 : cm)

4.2

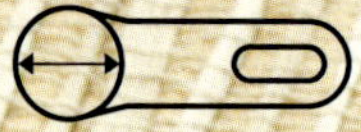

1인 1회 섭취분량 | **15g**

에너지	탄수화물	단백질	지질	비타민 A	비타민 B_2	비타민 C
26kcal	1.4g	2.9g	1.2g	0μgRE	0mg	0mg
나트륨	**식이섬유**	**칼슘**	**콜레스테롤**	**소금**	**인**	**철**
901.8mg (45.1%)	–	15.9mg (2.3%)	0mg (0%)	2.3g	42.5mg	0.6mg

후추

계량스푼(1/4티스푼)

용기크기(단위 : cm)

1.9

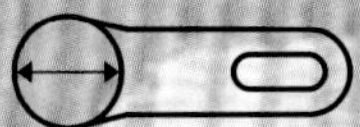

1인 1회 섭취분량 | 0.5g

에너지	탄수화물	단백질	지질	비타민 A	비타민 B_2	비타민 C
2kcal	0.3g	0.1g	0g	0.1㎍RE	0mg	0mg

나트륨	식이섬유	칼슘	콜레스테롤	소금	인	철
0.2mg (0%)	0.1g (0.5%)	1.4mg (0.2%)	0mg (0%)	0g	0.8mg	0.1mg

202 김밥 · 203 누룽지 · 204 보리밥 · 205 쌀밥
206 잡곡밥 · 207 차조밥 · 208 찰밥 · 209 콩밥
210 혼합잡곡밥 · 211 흑미밥

212 국수(장국) · 213 잔치국수 · 214 라면 · 215 잡채

밥·면류

김밥

밥·면류

평면접시(특대)
용기크기(단위 : cm)

18.8 / 1.7

백미 64.9g, 단무지 12.9g, 달걀 12g, 시금치 11.5g, 당근 8.4g, 우엉 8.3g
게맛살 8g, 오이 2.9g, 참기름 2g, 김 1.8g, 소금 0.7g, 흰깨 0.3g

1인 1회 섭취분량 | **235ml**

에너지	탄수화물	단백질	지질	비타민 A	비타민 B_2	비타민 C
302kcal	58.7g	8.0g	3.7g	263.4μgRE	0.2mg	10.6mg
나트륨	**식이섬유**	**칼슘**	**콜레스테롤**	**소금**	**인**	**철**
540.3mg (27.0%)	2.1g (8.3%)	51.1mg (7.3%)	52.3mg (17.4%)	1.4g	158.7mg	1.3mg

누룽지

대접 1
용기크기(단위 : cm) 13.5 / 5

백미 20.9g

1인 1회 섭취분량 | **250ml**

에너지	탄수화물	단백질	지질	비타민 A	비타민 B_2	비타민 C
78kcal	17.1g	1.3g	0.1g	0μgRE	0mg	0mg

나트륨	식이섬유	칼슘	콜레스테롤	소금	인	철
13.8mg (0.7%)	0.1g (0.4%)	0.8mg (0.1%)	0mg (0%)	0g	29.2mg	0.1mg

밥·면류

보리밥

밥그릇
용기크기(단위 : cm)

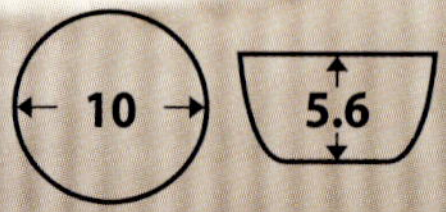

백미 96.4g, 보리 13.5g

1인 1회 섭취분량 | **300ml**

에너지	탄수화물	단백질	지질	비타민 A	비타민 B_2	비타민 C
405kcal	89.3g	7.4g	0.6g	0μgRE	0mg	0mg
나트륨	**식이섬유**	**칼슘**	**콜레스테롤**	**소금**	**인**	**철**
64.0mg (3.2%)	1.5g (5.9%)	7.9mg (1.1%)	0mg (0%)	0.2g	160.6mg	0.6mg

쌀밥

밥·면류

밥그릇
용기크기(단위 : cm)

10 / 5.6

백미 86.6g

1인 1회 섭취분량 | **250ml**

에너지	탄수화물	단백질	지질	비타민 A	비타민 B_2	비타민 C
322kcal	70.9g	5.5g	0.4g	0㎍RE	0mg	0mg

나트륨	식이섬유	칼슘	콜레스테롤	소금	인	철
57.2mg (2.9%)	0.4g (1.7%)	3.5mg (0.5%)	0mg (0%)	0.1g	121.3mg	0.3mg

잡곡밥

밥그릇
용기크기(단위 : cm) 10 / 5.6

백미 49.5g, 보리 5.5g, 대두 3.7g, 찹쌀 3.1g, 현미 2.1g, 조 0.7g, 수수 0.4g

1인 1회 섭취분량 | **250ml**

에너지	탄수화물	단백질	지질	비타민 A	비타민 B2	비타민 C
240kcal	50.9g	5.5g	1.1g	0μgRE	0mg	0mg
나트륨	**식이섬유**	**칼슘**	**콜레스테롤**	**소금**	**인**	**철**
34.8mg (1.7%)	1.8g (7.4%)	12.4mg (1.8%)	0mg (0%)	0.1g	117.1mg	0.7mg

차조밥

밥그릇
용기크기(단위 : cm)

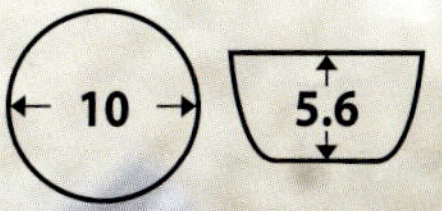

백미 79.7g, 조 6.1g

밥·면류

1인 1회 섭취분량 | **230ml**

에너지	탄수화물	단백질	지질	비타민 A	비타민 B_2	비타민 C
319kcal	69.8g	5.7g	0.6g	0㎍RE	0mg	0mg
나트륨	**식이섬유**	**칼슘**	**콜레스테롤**	**소금**	**인**	**철**
57.9mg (2.6%)	0.6g (2.3%)	4.2mg (0.6%)	0mg (0%)	0.1g	129.8mg	0.5mg

밥·면류

찰밥

밥그릇
용기크기(단위 : cm)

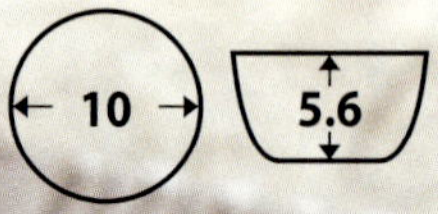

백미 52g, 찹쌀 41.7g

1인 1회 섭취분량 I **250ml**

에너지	탄수화물	단백질	지질	비타민 A	비타민 B2	비타민 C
349kcal	76.7g	6.4g	0.4g	0μgRE	0.1mg	0mg
나트륨	**식이섬유**	**칼슘**	**콜레스테롤**	**소금**	**인**	**철**
35.5mg (1.8%)	0.5g (2.0%)	3.7mg (0.5%)	0mg (0%)	0.1g	135.6mg	1.1mg

콩밥

밥그릇
용기크기(단위 : cm)

10 / 5.6

백미 89.3g, 대두 7.7g

밥·면류

1인 1회 섭취분량 | **275ml**

에너지	탄수화물	단백질	지질	비타민 A	비타민 B2	비타민 C
361kcal	75.4g	8.3g	1.8g	0μgRE	0.1mg	0mg
나트륨	**식이섬유**	**칼슘**	**콜레스테롤**	**소금**	**인**	**철**
59.3mg (3.0%)	2.6g (10.5%)	20.8mg (3.0%)	0mg (0%)	0.2g	173.3mg	1.0mg

밥·면류

혼합잡곡밥

밥그릇
용기크기(단위 : cm)

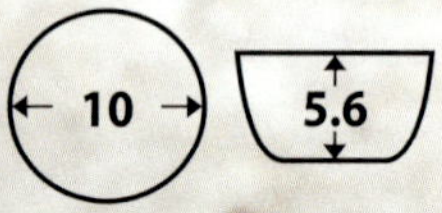

백미 69.6g, 보리 12.8g, 동부 0.1g

1인 1회 섭취분량 | **230ml**

에너지	탄수화물	단백질	지질	비타민 A	비타민 B_2	비타민 C
303kcal	66.9g	5.7g	0.5g	0μgRE	0mg	0mg
나트륨	**식이섬유**	**칼슘**	**콜레스테롤**	**소금**	**인**	**철**
46.3mg (2.3%)	1.3g (5.3%)	6.8mg (1.0%)	0mg (0%)	0.1g	122.2mg	0.5mg

흑미밥

밥그릇
용기크기(단위 : cm)

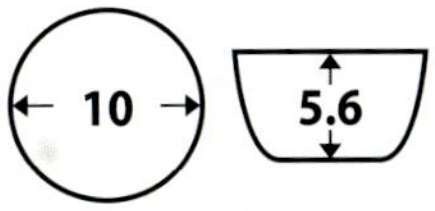

백미 88g, 흑미찹쌀 10.6g

1인 1회 섭취분량 | **230ml**

에너지	탄수화물	단백질	지질	비타민 A	비타민 B2	비타민 C
366kcal	80.0g	6.6g	0.8g	0μgRE	0mg	0mg
나트륨	**식이섬유**	**칼슘**	**콜레스테롤**	**소금**	**인**	**철**
58.6mg (2.9%)	0.9g (3.5%)	5.1mg (0.7%)	0mg (0%)	0.1g	162.4mg	0.5mg

국수(장국)

면대접
용기크기(단위 : cm)

18 / 7.5

국수(마른 것) 184.4g, 애호박 14.9g, 달걀 9.8g, 양파 4.4g, 파 2.3g, 간장 1.7g
멸치(자건품) 1.3g, 소금 1.2g, 마늘 0.6g, 참기름 0.3g

1인 1회 섭취분량 | **600ml**

에너지	탄수화물	단백질	지질	비타민 A	비타민 B_2	비타민 C
718kcal	146.5g	21.7g	1.6g	22.2μgRE	0.1mg	2.2mg
나트륨	**식이섬유**	**칼슘**	**콜레스테롤**	**소금**	**인**	**철**
4604.5mg (230.2%)	5.2g (20.7%)	61.8mg (8.8%)	41.1mg (13.7%)	11.7g	274.9mg	3.4mg

잔치국수

밥·면류

면대접
용기크기(단위 : cm)

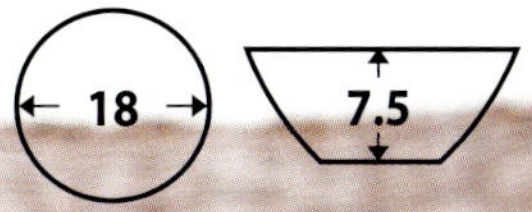

국수(마른 것) 137.4g, 배추김치 47.0g, 애호박 19.8g, 달걀 15.2g, 양파 14.9g, 당근 7.8g
멸치(자건품) 4.1g, 파 3.9g, 간장 3.8g, 참기름 2.2g, 마늘 1.5g, 고춧가루 1.4g, 김 0.8g, 소금 0.1g

1인 1회 섭취분량 | **740ml**

에너지	탄수화물	단백질	지질	비타민 A	비타민 B2	비타민 C
599kcal	115.2g	20.7g	4.6g	233.2㎍RE	0.2mg	12.4mg
나트륨	**식이섬유**	**칼슘**	**콜레스테롤**	**소금**	**인**	**철**
3949.5mg (197.5%)	6.7g (26.6%)	143.4mg (20.5%)	64.4mg (21.5%)	10.0g	315.4mg	4.0mg

밥·면류

라면

면대접
용기크기(단위 : cm)

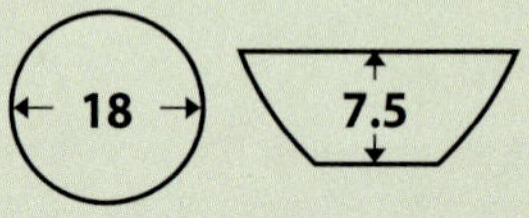

라면 66.3g, 라면스프 10g, 달걀 7.6g, 파 0.7g

1인 1회 섭취분량 I **500ml**

에너지	탄수화물	단백질	지질	비타민 A	비타민 B_2	비타민 C
286kcal	45.0g	8.4g	10.3g	63.9μgRE	0.3mg	0.2mg
나트륨	**식이섬유**	**칼슘**	**콜레스테롤**	**소금**	**인**	**철**
2797.5mg (139.9%)	2.1g (8.4%)	17.9mg (2.6%)	32.1mg (10.7%)	7.0g	89.4mg	0.8mg

잡채

평면접시(특대)
용기크기(단위 : cm)

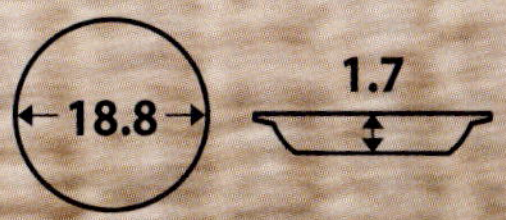

당면 6.2g, 시금치 5.2g, 양파 3.7g, 쇠고기 3.3g, 당근 2.1g, 간장 1.1g, 콩기름 0.9g
파 0.7g, 표고버섯 0.5g, 설탕 0.4g, 참기름 0.3g, 마늘 0.2g, 흰깨 0.2g
목이버섯(마른 것) 0.1g, 소금 0.1g, 후추 0.01g

1인 1회 섭취분량 | 100ml

에너지	탄수화물	단백질	지질	비타민 A	비타민 B2	비타민 C
47kcal	6.8g	1.1g	1.8g	58.9㎍RE	0mg	3.8mg
나트륨	**식이섬유**	**칼슘**	**콜레스테롤**	**소금**	**인**	**철**
112.5mg (5.6%)	0.5g (1.8%)	10.5mg (1.5%)	2.9mg (1.0%)	0.3g	14.5mg	0.6mg

국·탕류

국·탕류

감잣국

대접 1
용기크기(단위 : cm)

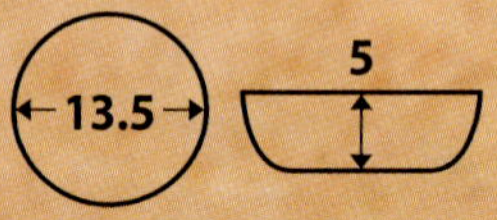

감자 74.2g, 양파 7.7g, 파 3.8g, 멸치(자건품) 1.9g, 마늘 1.1g, 소금 0.8g, 간장 0.5g

1인 1회 섭취분량 | **250ml**

에너지	탄수화물	단백질	지질	비타민 A	비타민 B_2	비타민 C
60kcal	12.1g	3.2g	0.2g	4.9㎍RE	0.1mg	28.4mg

나트륨	식이섬유	칼슘	콜레스테롤	소금	인	철
325.5mg (16.3%)	1.3g (5.1%)	43.5mg (6.2%)	0.2mg (0.1%)	0.8g	79.7mg	0.8mg

김칫국

국·탕류

대접 1
용기크기(단위 : cm) 13.5 / 5

배추김치 34.3g, 멸치(자건품) 0.6g, 파 0.5g, 소금 0.2g, 조미소 0.2g, 마늘 0.2g
분말조미료 0.1g

1인 1회 섭취분량 | 250ml

에너지	탄수화물	단백질	지질	비타민 A	비타민 B_2	비타민 C
9kcal	1.5g	1.1g	0.2g	17.1μgRE	0mg	5.0mg

나트륨	식이섬유	칼슘	콜레스테롤	소금	인	철
531.3mg (26.6%)	1.0g (4.2%)	27.2mg (3.9%)	0mg (0%)	1.3g	28.5mg	0.4mg

국·탕류

냉이된장국

대접 1

용기크기(단위 : cm)

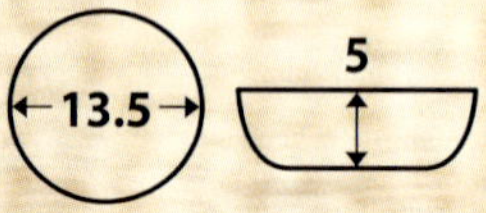

냉이 20.5g, 된장 5.8g, 파 2g, 고추장 0.7g, 멸치(자건품) 0.5g, 마늘 0.5g
분말조미료 0.04g

1인 1회 섭취분량 | **250ml**

에너지	탄수화물	단백질	지질	비타민 A	비타민 B_2	비타민 C
18kcal	2.6g	2.0g	0.4g	45.9μgRE	0.1mg	16.7mg
나트륨	**식이섬유**	**칼슘**	**콜레스테롤**	**소금**	**인**	**철**
330.0mg (16.5%)	1.3g (5.4%)	47.1mg (6.7%)	0mg (0%)	0.8g	36.2mg	1.6mg

된장국

국·탕류

대접 1
용기크기(단위 : cm) 13.5 / 5

된장 13.2g, 감자 9.9g, 두부 8.5g, 양파 4.6g, 애호박 3.9g, 파 1.9g, 풋고추 1.3g
멸치(자건품) 0.9g, 마늘 0.9g, 분말조미료 0.1g

1인 1회 섭취분량 I **250ml**

에너지	탄수화물	단백질	지질	비타민 A	비타민 B2	비타민 C
39kcal	4.7g	3.2g	1.1g	7.4㎍RE	0.1mg	8.0mg

나트륨	식이섬유	칼슘	콜레스테롤	소금	인	철
698.2mg (34.9%)	1.2g (4.7%)	42.5mg (6.1%)	0.1mg (0%)	1.8g	56.0mg	1.3mg

국·탕류

뭇국

대접 1
용기크기(단위 : cm)

13.5 / 5

무 70.9g, 쇠고기 3.2g, 파 1.6g, 간장 1.2g, 멸치(자건품) 0.6g, 마늘 0.5g
소금 0.2g, 분말조미료 0.1g

1인 1회 섭취분량 | **250ml**

에너지	탄수화물	단백질	지질	비타민 A	비타민 B2	비타민 C
22kcal	3.5g	1.7g	0.4g	8.2μgRE	0mg	11.1mg
나트륨	**식이섬유**	**칼슘**	**콜레스테롤**	**소금**	**인**	**철**
183.7mg (9.2%)	0.9g (3.6%)	33.1mg (4.7%)	3.2mg (1.1%)	0.5g	33.9mg	0.8mg

미역국

대접 1
용기크기(단위 : cm)

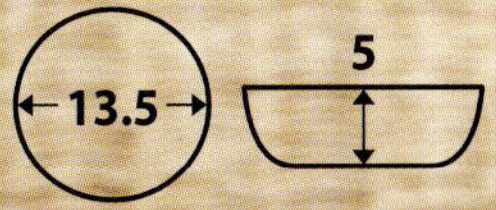

국·탕류

미역(마른 것) 4g, 간장 3.5g, 멸치(자건품) 0.5g, 소금 0.5g, 마늘 0.4g
참기름 0.4g, 분말조미료 0.1g

1인 1회 섭취분량 | **250ml**

에너지	탄수화물	단백질	지질	비타민 A	비타민 B2	비타민 C
11kcal	1.8g	1.4g	0.6g	22.4μgRE	0mg	0.8mg
나트륨	**식이섬유**	**칼슘**	**콜레스테롤**	**소금**	**인**	**철**
708.8mg (35.4%)	1.8g (7.1%)	50.2mg (7.2%)	0mg (0%)	1.8g	26.0mg	0.5mg

미역오이냉국

국·탕류

대접 1
용기크기(단위 : cm)

13.5 / 5

오이 38.9g, 양파 6.1g, 식초 1.7g, 미역(마른 것) 1.3g, 설탕 0.8g, 간장 0.6g
풋고추 0.5g, 소금 0.4g, 마늘 0.4g, 흰깨 0.2g, 참기름 0.2g

1인 1회 섭취분량 | **250ml**

에너지	탄수화물	단백질	지질	비타민 A	비타민 B2	비타민 C
15kcal	2.9g	0.9g	0.4g	11.3㎍RE	0mg	4.7mg
나트륨	**식이섬유**	**칼슘**	**콜레스테롤**	**소금**	**인**	**철**
259.6mg (13.0%)	1.2g (4.8%)	27.4mg (3.9%)	0mg (0%)	0.7g	38.9mg	0.4mg

배추된장국

대접 1
용기크기(단위 : cm) 13.5 / 5

배추 46.5g, 된장 6.6g, 파 1g, 마늘 0.5g, 멸치(자건품) 0.4g, 고춧가루 0.2g
분말조미료 0.1g

국·탕류

1인 1회 섭취분량 | 250ml

에너지	탄수화물	단백질	지질	비타민 A	비타민 B_2	비타민 C
16kcal	2.7g	1.4g	0.3g	8.7µgRE	0mg	9.4mg

나트륨	식이섬유	칼슘	콜레스테롤	소금	인	철
370.7mg (18.5%)	1.1g (4.3%)	32.0mg (4.6%)	0mg (0%)	0.9g	29.0mg	0.8mg

백합미역국

대접 1
용기크기(단위 : cm)

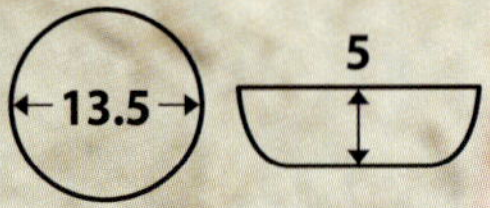

백합 10.4g, 미역(마른 것) 5.3g, 간장 2.2g, 마늘 0.5g, 참기름 0.2g, 소금 0.1g
분말조미료 0.03g

1인 1회 섭취분량 | 250ml

에너지	탄수화물	단백질	지질	비타민 A	비타민 B_2	비타민 C
17kcal	2.6g	2.5g	0.5g	29.3㎍RE	0.1mg	1.4mg

나트륨	식이섬유	칼슘	콜레스테롤	소금	인	철
522.1mg (26.1%)	2.3g (9.3%)	68.3mg (9.8%)	4.6mg (1.5%)	1.3g	34.3mg	1.7mg

북엇국

대접 1
용기크기(단위 : cm)

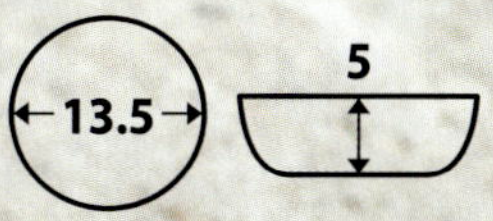

무 22g, 명태(마른 것) 7.3g, 달걀 5.7g, 양파 2.7g, 파 2.2g, 간장 1.9g
참기름 0.8g, 소금 0.5g, 마늘 0.4g

국·탕류

1인 1회 섭취분량 | **250ml**

에너지	탄수화물	단백질	지질	비타민 A	비타민 B2	비타민 C
43kcal	1.7g	5.6g	1.6g	13.6㎍RE	0mg	4.1mg
나트륨	**식이섬유**	**칼슘**	**콜레스테롤**	**소금**	**인**	**철**
363.9mg (18.2%)	0.4g (1.5%)	29.1mg (4.2%)	24.0mg (8.0%)	0.9g	62.1mg	0.5mg

국·탕류

사골국

대접 1
용기크기(단위 : cm)

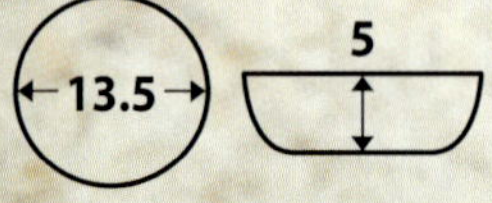

쇠고기 사골국물 41.9g, 쇠고기 18.2g, 무 13.6g, 파 5.7g, 당면 5.5g, 마늘 1.1g
후추 0.1g, 소금 0.1g

1인 1회 섭취분량 | **250ml**

에너지	탄수화물	단백질	지질	비타민 A	비타민 B_2	비타민 C
66kcal	6.1g	5.9g	1.9g	11.0㎍RE	0mg	3.6mg
나트륨	**식이섬유**	**칼슘**	**콜레스테롤**	**소금**	**인**	**철**
110.7mg (5.5%)	0.4g (1.6%)	14.9mg (2.0%)	17.9mg (6.0%)	0.3g	39.0mg	1.9mg

쇠고기미역국

국·탕류

대접 1
용기크기(단위 : cm) 13.5 / 5

쇠고기 16.5g, 미역(마른 것) 3.5g, 간장 1.8g, 참기름 0.4g, 마늘 0.4g, 소금 0.3g
분말조미료 0.04g

1인 1회 섭취분량 | 250ml

에너지	탄수화물	단백질	지질	비타민 A	비타민 B_2	비타민 C
36kcal	1.5g	4.4g	1.9g	21.9㎍RE	0.1mg	0.7mg

나트륨	식이섬유	칼슘	콜레스테롤	소금	인	철
522.3mg (26.1%)	1.6g (6.2%)	37.4mg (5.3%)	16.2mg (5.4%)	1.3g	40.3mg	1.2mg

쇠고깃국

국·탕류

대접 1
용기크기(단위 : cm)

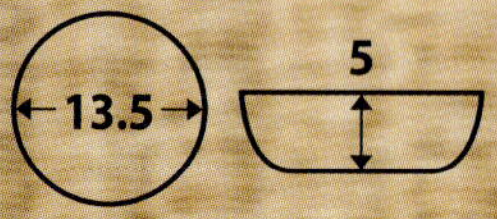

무 34.3g, 쇠고기 22.5g, 파 3.2g, 간장 2.2g, 마늘 1.1g, 소금 0.3g, 고춧가루 0.3g
후추 0.03g

1인 1회 섭취분량 | **250ml**

에너지	탄수화물	단백질	지질	비타민 A	비타민 B_2	비타민 C
48kcal	2.4g	5.4g	1.9g	19.7μgRE	0.1mg	6.2mg
나트륨	**식이섬유**	**칼슘**	**콜레스테롤**	**소금**	**인**	**철**
344.1mg (17.2%)	0.7g (2.6%)	16.4mg (2.3%)	22.1mg (7.4%)	0.9g	50.5mg	1.5mg

시래기된장국

대접 1

용기크기(단위 : cm)

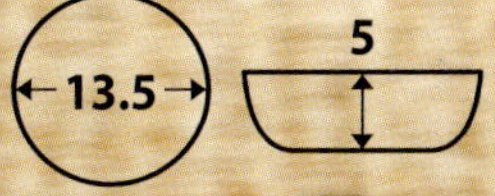

무시래기 48.6g, 된장 10.9g, 파 1.3g, 멸치(자건품) 0.9g, 마늘 0.6g

1인 1회 섭취분량 | **250ml**

에너지	탄수화물	단백질	지질	비타민 A	비타민 B_2	비타민 C
34kcal	6.0g	3.1g	0.8g	45.7μgRE	0.1mg	2.2mg

나트륨	식이섬유	칼슘	콜레스테롤	소금	인	철
563.8mg (28.2%)	0.5g (2.0%)	189.6mg (27.1%)	0mg (0%)	1.4g	59.7mg	8.0mg

국·탕류

아욱된장국

대접 1
용기크기(단위 : cm)

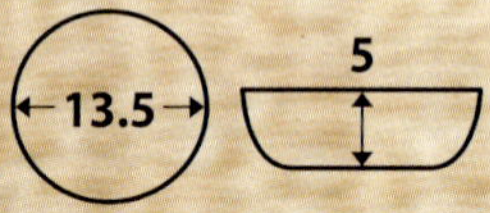

아욱 44.9g, 된장 8.1g, 파 1.2g, 마늘 0.8g, 고추장 0.6g, 멸치(자건품) 0.4g
분말조미료 0.2g, 고춧가루 0.1g

1인 1회 섭취분량 | **250ml**

에너지	탄수화물	단백질	지질	비타민 A	비타민 B2	비타민 C
24kcal	3.1g	2.9g	0.6g	522.5㎍RE	0.1mg	23.4mg
나트륨	**식이섬유**	**칼슘**	**콜레스테롤**	**소금**	**인**	**철**
497.8mg (24.9%)	2.3g (9.2%)	58.8mg (8.4%)	0mg (0%)	1.3g	50.0mg	1.6mg

어묵국

국·탕류

대접 1
용기크기(단위 : cm)

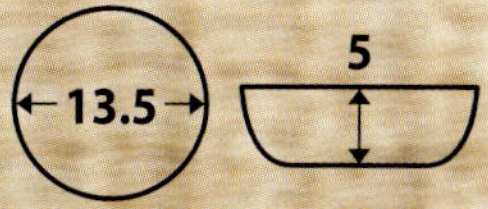

어묵 22.2g, 무 22.1g, 파 2g, 간장 1.4g, 멸치(자건품) 0.7g, 마늘 0.5g
다시마(마른 것) 0.2g, 소금 0.2g

1인 1회 섭취분량 | **250ml**

에너지	탄수화물	단백질	지질	비타민 A	비타민 B_2	비타민 C
39kcal	5.4g	3.3g	0.6g	4.5μgRE	0mg	3.9mg

나트륨	식이섬유	칼슘	콜레스테롤	소금	인	철
347.9mg (17.4%)	0.4g (1.6%)	36.3mg (5.2%)	4.5mg (1.5%)	0.9g	39.0mg	0.5mg

콩나물국

국·탕류

대접 1
용기크기(단위 : cm)

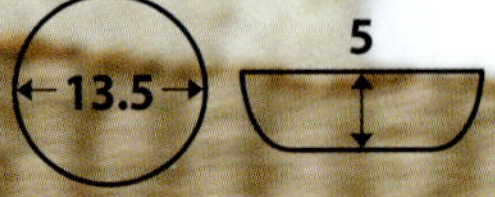

콩나물 36.7g, 파 1.7g, 마늘 0.6g, 소금 0.6g, 고춧가루 0.1g

1인 1회 섭취분량 | **250ml**

에너지	탄수화물	단백질	지질	비타민 A	비타민 B2	비타민 C
13kcal	1.6g	1.9g	0.5g	5.3㎍RE	0mg	2.4mg

나트륨	식이섬유	칼슘	콜레스테롤	소금	인	철
208.9mg (10.4%)	1.2g (5.0%)	14.9mg (2.1%)	0mg (0%)	0.5g	26.0mg	0.5mg

곰탕

국·탕류

대접 2
용기크기(단위 : cm)

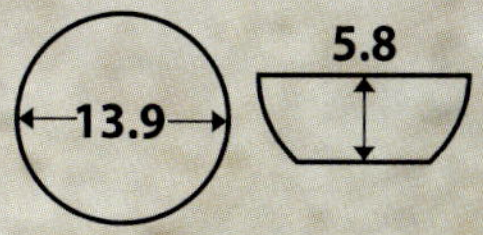

쇠고기사골국물 183.8g, 쇠고기 33.5g, 파 8.1g, 마늘 1.5g, 소금 1.1g, 후추 0.1g

1인 1회 섭취분량 | **300ml**

에너지	탄수화물	단백질	지질	비타민 A	비타민 B2	비타민 C
108kcal	1.2g	15.3g	4.6g	15.2㎍RE	0.1mg	2.1mg
나트륨	**식이섬유**	**칼슘**	**콜레스테롤**	**소금**	**인**	**철**
617.0mg (30.8%)	0.3g (1.0%)	16.6mg (2.4%)	33.0mg (11.0%)	1.6g	65.9mg	4.8mg

국·탕류

보신탕

대접 2

용기크기(단위 : cm)

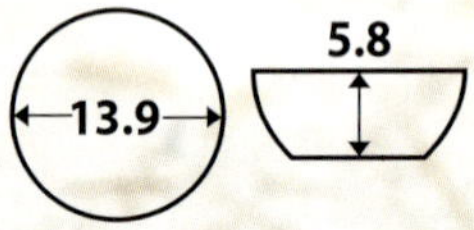

개고기 56.7g, 깻잎 11g, 부추 10.6g, 파 9.1g, 미나리 7.7g, 토란대(삶은 것) 3.6g
마늘 3.1g, 양파 1.8g, 고춧가루 1.7g, 들깨 1.3g, 된장 1.1g, 소금 1.1g, 생강 0.8g
풋고추 0.6g, 깨소금 0.3g, 후추 0.03g

1인 1회 섭취분량 | **300ml**

에너지	탄수화물	단백질	지질	비타민 A	비타민 B_2	비타민 C
176kcal	5.4g	12.6g	12.4g	318.6μgRE	0.2mg	11.9mg
나트륨	**식이섬유**	**칼슘**	**콜레스테롤**	**소금**	**인**	**철**
468.1mg (23.4%)	2.7g (10.8%)	62.3mg (8.9%)	–	1.2g	135.2mg	2.8mg

삼계탕(닭백숙)

대접 2
용기크기(단위 : cm) 13.9 / 5.8

닭고기 56.6g, 찹쌀 8.1g, 마늘 3.7g, 파 2.1g, 인삼 2g, 대추(마른 것) 1.8g, 밤 1.7g
소금 0.6g, 생강 0.05g

국·탕류

1인 1회 섭취분량 | **250ml**

에너지	탄수화물	단백질	지질	비타민 A	비타민 B2	비타민 C
147kcal	10.3g	11.8g	6.1g	31.2μgRE	0.1mg	2.1mg

나트륨	식이섬유	칼슘	콜레스테롤	소금	인	철
248.8mg (12.4%)	0.6g (2.5%)	11.4mg (1.6%)	51.0mg (17.0%)	0.6g	120.4mg	1.0mg

국·탕류

조기매운탕

대접 2
용기크기(단위 : cm)

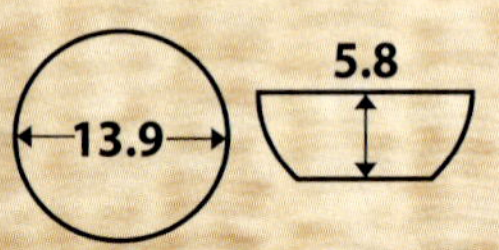

조기 16.3g, 무 12.9g, 양파 6.3g, 파 1.9g, 간장 1.1g, 마늘 0.9g, 고춧가루 0.7g
소금 0.4g, 풋고추 0.2g

1인 1회 섭취분량 | 150ml

에너지	탄수화물	단백질	지질	비타민 A	비타민 B_2	비타민 C
24kcal	1.9g	3.4g	0.4g	27.4μgRE	0.1mg	3.6mg
나트륨	**식이섬유**	**칼슘**	**콜레스테롤**	**소금**	**인**	**철**
250.2mg (12.5%)	0.6g (2.4%)	12.9mg (1.8%)	10.8mg (3.6%)	0.6g	38.8mg	0.4mg

242 고등어찌개 · 243 김치찌개 · 244 동태찌개
245 된장찌개 · 246 청국장찌개 · 247 호박찌개

찌개류

찌개류

고등어찌개

대접 1

용기크기(단위 : cm)

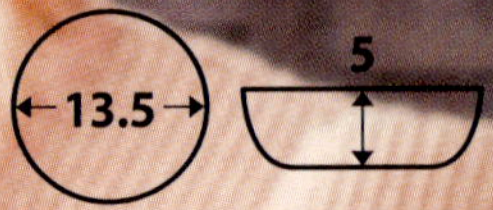

고등어 20.6g, 배추김치 14.3g, 양파 3.3g, 무 1.5g, 간장 0.6g, 파 0.5g, 마늘 0.5g
고춧가루 0.3g, 고추장 0.3g, 된장 0.2g, 풋고추 0.2g, 소금 0.04g

1인 1회 섭취분량 | **125ml**

에너지	탄수화물	단백질	지질	비타민 A	비타민 B_2	비타민 C
44kcal	1.5g	4.7g	2.3g	25.6㎍RE	0.1mg	3.2mg

나트륨	식이섬유	칼슘	콜레스테롤	소금	인	철
259.3mg (13.0%)	0.7g (2.8%)	14.5mg (2.1%)	9.9mg (3.3%)	0.7g	60.7mg	0.5mg

김치찌개

찌개류

대접 1
용기크기(단위 : cm) 13.5 / 5

배추김치 35.7g, 두부 12.4g, 돼지고기 10g, 파 1.2g, 마늘 0.4g, 소금 0.1g

1인 1회 섭취분량 | **150ml**

에너지	탄수화물	단백질	지질	비타민 A	비타민 B2	비타민 C
44kcal	1.8g	3.7g	2.9g	19.2μgRE	0mg	5.4mg
나트륨	**식이섬유**	**칼슘**	**콜레스테롤**	**소금**	**인**	**철**
451.6mg (22.6%)	1.4g (5.7%)	34.1mg (4.9%)	5.5mg (1.8%)	1.1g	54.4mg	0.6mg

찌개류

동태찌개

대접 1
용기크기(단위 : cm)

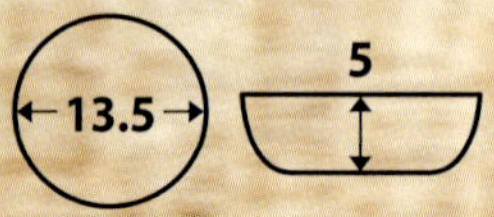

동태 39.1g, 무 34.4g, 두부 12.4g, 양파 4g, 파 2.3g, 마늘 1.6g, 고춧가루 1.3g
고추장 1.2g, 간장 0.5g, 소금 0.5g

1인 1회 섭취분량 **250ml**

에너지	탄수화물	단백질	지질	비타민 A	비타민 B2	비타민 C
55kcal	4.0g	8.1g	1.1g	59.2µgRE	0.1mg	6.9mg

나트륨	식이섬유	칼슘	콜레스테롤	소금	인	철
338.9mg (16.9%)	1.5g (5.9%)	48.5mg (6.9%)	29.0mg (9.7%)	0.9g	112.9mg	0.7mg

된장찌개

찌개류

대접 1
용기크기(단위 : cm)

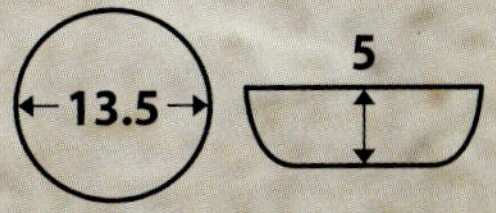

두부 8.1g, 된장 6.5g, 양파 5.9g, 애호박 5.8g, 풋고추 1.2g, 파 1.2g, 마늘 0.6g, 멸치(자건품) 0.4g, 고춧가루 0.1g

1인 1회 섭취분량 | **100ml**

에너지	탄수화물	단백질	지질	비타민 A	비타민 B2	비타민 C
22kcal	2.3g	1.9g	0.8g	8.9㎍RE	0mg	3.3mg

나트륨	식이섬유	칼슘	콜레스테롤	소금	인	철
327.8mg (16.4%)	0.8g (3.2%)	26.1mg (3.7%)	0.1mg (0%)	0.8g	32.7mg	0.7mg

찌개류

청국장찌개

대접 1
용기크기(단위 : cm)

13.5 / 5

청국장 17.3g, 두부 13.1g, 무 11g, 배추김치 7.6g, 양파 4.4g, 파 1.8g, 마늘 0.8g
풋고추 0.6g, 멸치(자건품) 0.3g, 분말조미료 0.1g

1인 1회 섭취분량 | **150ml**

에너지	탄수화물	단백질	지질	비타민 A	비타민 B_2	비타민 C
49kcal	3.3g	5.1g	2.2g	6.9㎍RE	0.1mg	4.1mg

나트륨	식이섬유	칼슘	콜레스테롤	소금	인	철
1158.3mg (57.9%)	0.9g (3.5%)	50.3mg (7.2%)	0.1mg (0%)	2.9g	82.9mg	1.1mg

호박찌개

찌개류

대접 1
용기크기(단위 : cm) 13.5 / 5

애호박 50.6g, 파 1.7g, 마늘 0.6g, 풋고추 0.6g, 간장 0.6g, 새우젓 0.5g
소금 0.3g, 분말조미료 0.1g

1인 1회 섭취분량 **250ml**

에너지	탄수화물	단백질	지질	비타민 A	비타민 B_2	비타민 C
14kcal	3.4g	0.9g	0.1g	15.1μgRE	0mg	5.0mg

나트륨	식이섬유	칼슘	콜레스테롤	소금	인	철
182.2mg (9.1%)	0.7g (2.8%)	10.1mg (1.4%)	0mg (0%)	0.5g	25.6mg	0.3mg

찜·조림류

찜·조림류

달걀찜

종지 3
용기크기(단위 : cm) 13.9 / 2.5

달걀 15.1g, 당근 0.6g, 파 0.4g, 소금 0.2g, 새우젓 0.1g

1인 1회 섭취분량 | 50ml

에너지	탄수화물	단백질	지질	비타민 A	비타민 B_2	비타민 C
21kcal	0.5g	1.8g	1.2g	32.6㎍RE	0mg	0.1mg
나트륨	**식이섬유**	**칼슘**	**콜레스테롤**	**소금**	**인**	**철**
103.8mg (5.2%)	0g (0.1%)	7.5mg (1.1%)	63.4mg (21.1%)	0.3g	24.9mg	0.2mg

찐 감자

찜 · 조림류

평면접시(특대)
용기크기(단위 : cm)

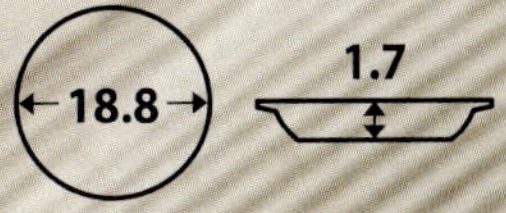

감자 242.7g, 소금 0.04g

1인 1회 섭취분량 | **225ml**

에너지	탄수화물	단백질	지질	비타민 A	비타민 B_2	비타민 C
160kcal	35.4g	6.8g	0g	0μgRE	0.1mg	87.4mg
나트륨	**식이섬유**	**칼슘**	**콜레스테롤**	**소금**	**인**	**철**
22.2mg (1.1%)	3.4g (13.6%)	9.7mg (1.4%)	0mg (0%)	0.1g	152.9mg	1.5mg

찜 · 조림류

찐 고구마

평면접시(대)
용기크기(단위 : cm)

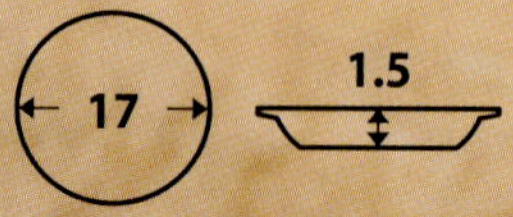

고구마 117.1g

1인 1회 섭취분량 | **170ml**

에너지	탄수화물	단백질	지질	비타민 A	비타민 B_2	비타민 C
150kcal	36.5g	1.6g	0.2g	22.3㎍RE	0.1mg	29.3mg
나트륨	**식이섬유**	**칼슘**	**콜레스테롤**	**소금**	**인**	**철**
17.6mg (0.9%)	3.0g (12.2%)	28.1mg (4.0%)	0mg (0%)	0g	63.3mg	0.6mg

찐 옥수수

찜·조림류

평면접시(특대)
용기크기(단위 : cm)

18.8 / 1.7

옥수수 195.4g

1인 1회 섭취분량 I **320ml**

에너지	탄수화물	단백질	지질	비타민 A	비타민 B2	비타민 C
274kcal	57.4g	9.6g	2.3g	17.6㎍RE	0.2mg	0mg
나트륨	**식이섬유**	**칼슘**	**콜레스테롤**	**소금**	**인**	**철**
2.0mg (0.1%)	9.2g (36.7%)	41.0mg (5.9%)	0mg (0%)	0g	255.9mg	4.3mg

찜·조림류

갈치조림

종지 4

용기크기(단위 : cm) 15.1 / 3

갈치 28.7g, 무 21.2g, 양파 5.4g, 간장 3.7g, 파 1.2g, 마늘 1g, 풋고추 0.7g
고춧가루 0.5g, 참기름 0.1g

1인 1회 섭취분량 | **100ml**

에너지	탄수화물	단백질	지질	비타민 A	비타민 B_2	비타민 C
54kcal	2.3g	6.0g	2.4g	27.5μgRE	0.1mg	5.1mg
나트륨	**식이섬유**	**칼슘**	**콜레스테롤**	**소금**	**인**	**철**
247.5mg (12.4%)	0.7g (2.7%)	22.5mg (3.2%)	20.7mg (6.9%)	0.6g	70.5mg	0.6mg

고등어조림

찜·조림류

종지 3

용기크기(단위 : cm) 13.9 / 2.5

고등어 11.8g, 무 7.1g, 배추김치 3.3g, 마늘 0.8g, 간장 0.6g, 파 0.6g, 양파 0.6g
고춧가루 0.3g, 고추장 0.3g

1인 1회 섭취분량 | **50ml**

에너지	탄수화물	단백질	지질	비타민 A	비타민 B_2	비타민 C
26kcal	1.1g	2.7g	1.3g	16.3㎍RE	0.1mg	2.1mg
나트륨	**식이섬유**	**칼슘**	**콜레스테롤**	**소금**	**인**	**철**
93.3mg (4.7%)	0.4g (1.5%)	7.8mg (1.1%)	5.7mg (1.9%)	0.2g	34.4mg	0.3mg

찜·조림류

콩조림

종지 1
용기크기(단위 : cm)

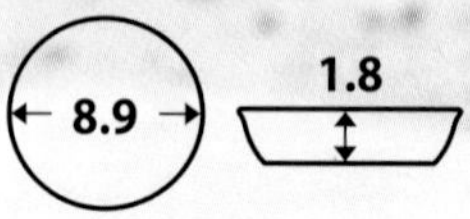

대두 8.3g, 간장 2.5g, 물엿 1.1g, 설탕 0.5g, 깨(흰깨) 0.1g

1인 1회 섭취분량 | 15ml

에너지	탄수화물	단백질	지질	비타민 A	비타민 B_2	비타민 C
38kcal	4.0g	3.0g	1.6g	0μgRE	0mg	0mg

나트륨	식이섬유	칼슘	콜레스테롤	소금	인	철
146.9mg (7.3%)	2.4g (9.5%)	20.7mg (3.0%)	0mg (0%)	0.4g	56.4mg	0.7mg

Milk
Milk

구이·전류

고등어구이

구이·전류

평면접시(대)
용기크기(단위 : cm) 17 / 1.5

고등어 33.8g, 콩기름 1g, 소금 0.5g

1인 1회 섭취분량 | 50ml

에너지	탄수화물	단백질	지질	비타민 A	비타민 B_2	비타민 C
67kcal	0g	9.1g	3.1g	3.0μgRE	0.1mg	0mg
나트륨	**식이섬유**	**칼슘**	**콜레스테롤**	**소금**	**인**	**철**
768.1mg (38.4%)	0g (0%)	13.4mg (1.9%)	19.9mg (6.6%)	2.0g	88.8mg	1.0mg

김구이

평면접시(대)
용기크기(단위 : cm)

17 / 1.5

조미김 2.2g

구이·전류

1인 1회 섭취분량 | **2.2ml**

에너지	탄수화물	단백질	지질	비타민 A	비타민 B_2	비타민 C
3kcal	0.9g	0.8g	0.1g	75.9μgRE	0.1mg	1.5mg

나트륨	식이섬유	칼슘	콜레스테롤	소금	인	철
42.6mg (2.1%)	1.6g (6.4%)	5.1mg (0.7%)	0.5mg (0.2%)	0.1g	15.5mg	0.4mg

구이·전류

삼겹살구이

평면접시(대)
용기크기(단위 : cm)

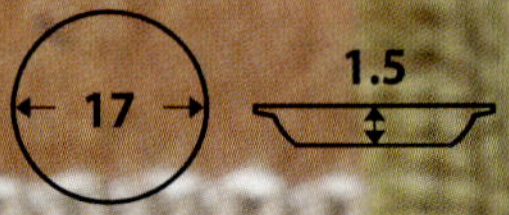

돼지고기(삼겹살) 86.5g, 소금 1.2g

1인 1회 섭취분량 | **100ml**

에너지	탄수화물	단백질	지질	비타민 A	비타민 B2	비타민 C
286kcal	0.3g	14.9g	24.6g	5.2μgRE	0.3mg	0.9mg
나트륨	**식이섬유**	**칼슘**	**콜레스테롤**	**소금**	**인**	**철**
429.7mg (21.5%)	0g (0%)	7.4mg (1.1%)	55.3mg (18.4%)	1.1g	114.1mg	0.6mg

조기구이

구이·전류

평면접시(대)
용기크기(단위 : cm)

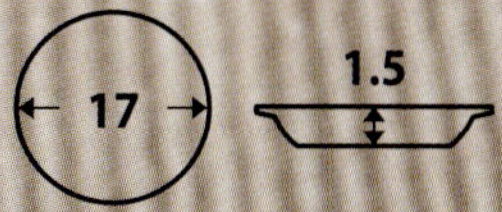

조기 22.1g, 콩기름 0.6g, 소금 0.2g

1인 1회 섭취분량 | **50ml**

에너지	탄수화물	단백질	지질	비타민 A	비타민 B_2	비타민 C
26kcal	0g	4.0g	1.0g	1.8㎍RE	0mg	0.2mg
나트륨	**식이섬유**	**칼슘**	**콜레스테롤**	**소금**	**인**	**철**
111.4mg (5.6%)	0g (0%)	8.0mg (1.1%)	14.6mg (4.9%)	0.3g	38.6mg	0.2mg

구이·전류

달걀부침(달걀프라이)

평면접시(대)
용기크기(단위 : cm)

17 / 1.5

달걀 49.3g, 콩기름 0.6g, 소금 0.1g

1인 1회 섭취분량 | **50ml**

에너지	탄수화물	단백질	지질	비타민 A	비타민 B_2	비타민 C
73kcal	1.4g	5.8g	4.6g	78.4㎍RE	0.1mg	0mg

나트륨	식이섬유	칼슘	콜레스테롤	소금	인	철
100.9mg (5.0%)	0g (0%)	21.2mg (3.0%)	207.0mg (69.0%)	0.3g	79.8mg	0.7mg

두부부침

구이·전류

평면접시(대)
용기크기(단위 : cm) 17 / 1.5

두부 46.0g, 콩기름 1.2g, 소금 0.3g

1인 1회 섭취분량 | **55ml**

에너지	탄수화물	단백질	지질	비타민 A	비타민 B_2	비타민 C
49kcal	0.6g	4.3g	3.8g	0㎍RE	0mg	0mg
나트륨	**식이섬유**	**칼슘**	**콜레스테롤**	**소금**	**인**	**철**
96.6mg (4.8%)	1.1g (4.6%)	58.0mg (8.3%)	0mg (0%)	0.2g	64.4mg	0.7mg

볶음류

볶음류

김치볶음

종지 3
용기크기(단위 : cm) 13.9 / 2.5

배추김치 18.0g, 파 0.5g, 들기름 0.3g, 마늘 0.2g, 콩기름 0.1g, 깨(흰깨) 0.03g

1인 1회 섭취분량 | **50ml**

에너지	탄수화물	단백질	지질	비타민 A	비타민 B2	비타민 C
8kcal	0.8g	0.4g	0.6g	9.3μgRE	0mg	2.7mg
나트륨	식이섬유	칼슘	콜레스테롤	소금	인	철
206.7mg (10.3%)	0.6g (2.2%)	9.3mg (1.3%)	0mg (0%)	0.5g	11.1mg	0.2mg

돼지고기볶음

평면접시(중)
용기크기(단위 : cm)

15.9 / 2.1

볶음류

돼지고기 21.4g, 양파 7g, 고추장 2.4g, 파 1.7g, 간장 1.4g, 마늘 0.6g, 설탕 0.5g
고춧가루 0.3g, 생강 0.2g, 참기름 0.2g, 깨(흰깨) 0.1g, 후추 0.03g

1인 1회 섭취분량 | **50ml**

에너지	탄수화물	단백질	지질	비타민 A	비타민 B_2	비타민 C
70kcal	2.8g	4.2g	4.6g	22.8μgRE	0mg	1.3mg

나트륨	식이섬유	칼슘	콜레스테롤	소금	인	철
168.3mg (8.4%)	0.4g (1.6%)	8.2mg (1.2%)	11.9mg (4.0%)	0.4g	42.0mg	0.4mg

볶음류

멸치볶음

종지 2

용기크기(단위 : cm) 11.4 / 2.1

멸치(자건품) 4g, 물엿 0.8g, 간장 0.6g, 콩기름 0.5g, 마늘 0.2g, 깨(흰깨) 0.1g

1인 1회 섭취분량 | **15ml**

에너지	탄수화물	단백질	지질	비타민 A	비타민 B2	비타민 C
17kcal	0.9g	1.6g	0.7g	0μgRE	0mg	0.1mg
나트륨	**식이섬유**	**칼슘**	**콜레스테롤**	**소금**	**인**	**철**
69.5mg (3.5%)	0g (0.1%)	52.8mg (7.5%)	4.5mg (1.5%)	0.2g	60.2mg	0.7mg

멸치풋고추볶음

종지 2
용기크기(단위 : cm) 11.4 / 2.1

풋고추 2.7g, 멸치(자건품) 1.7g, 간장 0.7g, 마늘 0.4g, 물엿 0.3g, 콩기름 0.2g
설탕 0.1g, 깨(흰깨) 0.03g

볶음류

1인 1회 섭취분량 | **15ml**

에너지	탄수화물	단백질	지질	비타민 A	비타민 B_2	비타민 C
9kcal	0.6g	0.8g	0.3g	0μgRE	0mg	2.0mg
나트륨	**식이섬유**	**칼슘**	**콜레스테롤**	**소금**	**인**	**철**
57.5mg (2.9%)	0.2g (0.6%)	23.5mg (3.4%)	2.0mg (0.7%)	0.1g	28.4mg	0.3mg

잔멸치볶음

볶음류

종지 2
용기크기(단위 : cm)

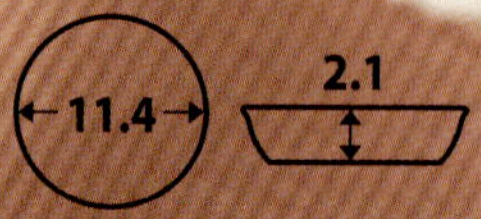

멸치(자건품) 3.8g, 물엿 0.8g, 마늘 0.7g, 간장 0.6g, 콩기름 0.3g, 깨(흰깨) 0.1g

1인 1회 섭취분량 | **15ml**

에너지	탄수화물	단백질	지질	비타민 A	비타민 B_2	비타민 C
16kcal	0.9g	1.7g	0.6g	0㎍RE	0mg	0.2mg
나트륨	**식이섬유**	**칼슘**	**콜레스테롤**	**소금**	**인**	**철**
68.0mg (3.4%)	0.1g (0.2%)	35.2mg (5.0%)	–	0.2g	39.4mg	0.2mg

무침·나물류

무침·나물류

도라지생채

종지 2
용기크기(단위 : cm)

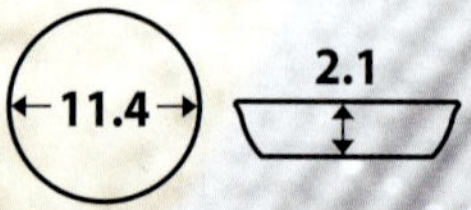

도라지 8.6g, 고추장 1.7g, 마늘 0.6g, 식초 0.2g, 파 0.2g, 설탕 0.2g, 고춧가루 0.1g
깨(흰깨) 0.1g, 소금 0.04g, 참기름 0.03g

1인 1회 섭취분량 | **25ml**

에너지	탄수화물	단백질	지질	비타민 A	비타민 B2	비타민 C
13kcal	3.2g	0.4g	0.1g	12.1μgRE	0mg	2.6mg
나트륨	**식이섬유**	**칼슘**	**콜레스테롤**	**소금**	**인**	**철**
70.0mg (3.5%)	0.6g (2.3%)	6.3mg (0.9%)	0mg (0%)	0.2g	11.8mg	0.4mg

도토리묵무침

무침·나물류

평면접시(대)
용기크기(단위 : cm)
17 / 1.5

묵 88.8g, 간장 7.4g, 오이 4.7g, 파 2.7g, 쑥갓 2.2g, 참기름 1.4g, 마늘 1.2g
설탕 0.5g, 깨(흰깨) 0.4g, 고춧가루 0.4g

1인 1회 섭취분량 | **125ml**

에너지	탄수화물	단백질	지질	비타민 A	비타민 B2	비타민 C
63kcal	10.9g	1.1g	1.9g	31.5㎍RE	0mg	1.8mg
나트륨	**식이섬유**	**칼슘**	**콜레스테롤**	**소금**	**인**	**철**
580.3mg (29.0%)	1.5g (6.0%)	17.6mg (2.5%)	0mg (0%)	1.5g	45.4mg	0.6mg

무침·나물류

무생채

종지 3
용기크기(단위 : cm) 13.9 2.5

무 49.2g, 고춧가루 0.9g, 파 0.9g, 식초 0.8g, 설탕 0.7g, 마늘 0.4g, 소금 0.4g
참기름 0.2g, 깨(흰깨) 0.1g

1인 1회 섭취분량 | **50ml**

에너지	탄수화물	단백질	지질	비타민 A	비타민 B_2	비타민 C
17kcal	3.6g	0.6g	0.4g	37.1㎍RE	0mg	8.0mg
나트륨	**식이섬유**	**칼슘**	**콜레스테롤**	**소금**	**인**	**철**
132.2mg (6.6%)	1.0g (4.1%)	15.8mg (2.3%)	0mg (0%)	0.3g	15.1mg	0.5mg

상추겉저리

무침·나물류

종지 4
용기크기(단위 : cm) 15.1 / 3

상추 20.6g, 간장 2.9g, 파 1.6g, 고춧가루 0.8g, 마늘 0.6g, 참기름 0.5g
깨소금 0.4g, 설탕 0.3g

1인 1회 섭취분량 | **100ml**

에너지	탄수화물	단백질	지질	비타민 A	비타민 B_2	비타민 C
15kcal	1.8g	0.9g	0.8g	34.9㎍RE	0.1mg	4.1mg
나트륨	**식이섬유**	**칼슘**	**콜레스테롤**	**소금**	**인**	**철**
175.9mg (8.8%)	0.9g (3.5%)	29.5mg (4.2%)	0mg (0%)	0.4g	15.2mg	0.8mg

무침·나물류

새우젓무침

종지 1
용기크기(단위 : cm) 8.9 / 1.8

어류젓 6g, 새우젓 1.1g, 마늘 0.03g, 고춧가루 0.01g

1인 1회 섭취분량 | **1.3ml**

에너지	탄수화물	단백질	지질	비타민 A	비타민 B2	비타민 C
1kcal	0g	0.1g	0g	1.0μgRE	0mg	0mg
나트륨	**식이섬유**	**칼슘**	**콜레스테롤**	**소금**	**인**	**철**
69.8mg (3.5%)	0g (0%)	3.6mg (0.5%)	–	0.2g	1.3mg	0mg

오이생채

종지 3
용기크기(단위 : cm) 13.9 / 2.5

오이 34.1g, 양파 2.4g, 파 0.7g, 식초 0.6g, 고춧가루 0.6g, 마늘 0.5g, 설탕 0.4g
참기름 0.3g, 소금 0.3g, 깨(흰깨) 0.2g

1인 1회 섭취분량 | 50ml

에너지	탄수화물	단백질	지질	비타민 A	비타민 B_2	비타민 C
13kcal	2.0g	0.6g	0.6g	25.2㎍RE	0mg	3.8mg

나트륨	식이섬유	칼슘	콜레스테롤	소금	인	철
88.7mg (4.4%)	0.8g (3.0%)	13.9mg (2.0%)	0mg (0%)	0.2g	31.0mg	0.3mg

무침·나물류

오징어젓무침

종지 1
용기크기(단위 : cm) 8.9 / 1.8

오징어젓(양념) 6g

1인 1회 섭취분량 | **5ml**

에너지	탄수화물	단백질	지질	비타민 A	비타민 B2	비타민 C
7kcal	0.8g	0.7g	0.1g	4.7㎍RE	0mg	0.1mg
나트륨	**식이섬유**	**칼슘**	**콜레스테롤**	**소금**	**인**	**철**
141.4mg (7.1%)	0g (0%)	1.8mg (0.3%)	17.5mg (5.8%)	0.4g	9.8mg	0.1mg

조개젓무침

종지 1
용기크기(단위 : cm) 8.9 / 1.8

조개젓 5.3g, 파 0.1g, 마늘 0.02g, 풋고추 0.02g, 깨(흰깨) 0.01g, 고춧가루 0.01g

1인 1회 섭취분량 | **5ml**

에너지	탄수화물	단백질	지질	비타민 A	비타민 B_2	비타민 C
3kcal	0.1g	0.5g	0.1g	0.9㎍RE	0mg	0.1mg

나트륨	식이섬유	칼슘	콜레스테롤	소금	인	철
203.5mg (10.2%)	0g (0%)	6.2mg (0.9%)	–	0.5g	6.4mg	0.9mg

무침·나물류

가지나물

종지 3
용기크기(단위 : cm)

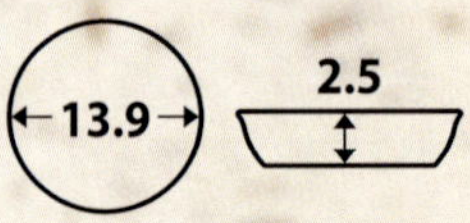

가지 41.9g, 간장 1g, 마늘 0.7g, 파 0.5g, 참기름 0.2g, 깨(흰깨) 0.1g, 소금 0.1g
고춧가루 0.1g

1인 1회 섭취분량 | **50ml**

에너지	탄수화물	단백질	지질	비타민 A	비타민 B2	비타민 C
12kcal	2.6g	0.5g	0.4g	4.6㎍RE	0mg	4.1mg
나트륨	**식이섬유**	**칼슘**	**콜레스테롤**	**소금**	**인**	**철**
96.9mg (4.8%)	1.0g (4.0%)	9.3mg (1.3%)	0mg (0%)	0.2g	17.6mg	0.2mg

고구마줄기나물

무침·나물류

종지 3
용기크기(단위 : cm)

13.9 / 2.5

고구마줄기(삶은 것) 32.1g, 파 0.8g, 마늘 0.4g, 고춧가루 0.3g, 참기름 0.2g
깨(흰깨) 0.2g, 소금 0.2g, 깨소금 0.1g

1인 1회 섭취분량 | 50ml

에너지	탄수화물	단백질	지질	비타민 A	비타민 B2	비타민 C
6kcal	0.8g	0.3g	0.4g	12.5μgRE	0mg	1.0mg
나트륨	**식이섬유**	**칼슘**	**콜레스테롤**	**소금**	**인**	**철**
58.3mg (2.9%)	1.4g (5.7%)	26.6mg (3.8%)	0mg (0%)	0.1g	7.0mg	0.2mg

무침·나물류

고사리나물

종지 3
용기크기(단위 : cm) 13.9 / 2.5

고사리(삶은 것) 35.9g, 간장 1.9g, 참기름 0.7g, 파 0.7g, 마늘 0.5g, 콩기름 0.3g
소금 0.3g, 깨(흰깨) 0.2g

1인 1회 섭취분량 | **50ml**

에너지	탄수화물	단백질	지질	비타민 A	비타민 B_2	비타민 C
19kcal	1.9g	1.4g	1.2g	3.4㎍RE	0mg	0.3mg
나트륨	**식이섬유**	**칼슘**	**콜레스테롤**	**소금**	**인**	**철**
221.9mg (11.1%)	1.1g (4.6%)	8.9mg (1.3%)	0mg (0%)	0.6g	19.4mg	0.6mg

도라지나물

무침·나물류

종지 3
용기크기(단위 : cm) 13.9 / 2.5

도라지 31.7g, 파 0.9g, 마늘 0.5g, 참기름 0.3g, 소금 0.2g, 콩기름 0.2g, 깨(흰깨) 0.2g

1인 1회 섭취분량 | **50ml**

에너지	탄수화물	단백질	지질	비타민 A	비타민 B_2	비타민 C
37kcal	7.9g	0.8g	0.7g	1.2μgRE	0mg	8.9mg

나트륨	식이섬유	칼슘	콜레스테롤	소금	인	철
90.6mg (4.5%)	1.6g (6.2%)	14.2mg (2.0%)	0mg (0%)	0.2g	32.5mg	1.3mg

무침·나물류

무나물

종지 3
용기크기(단위 : cm)

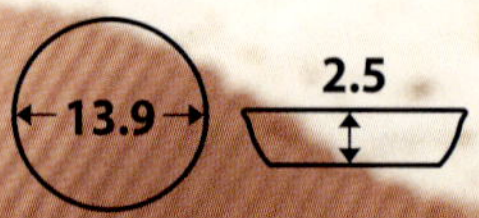

무 106.6g, 마늘 0.9g, 간장 0.9g, 들기름 0.2g, 파 0.2g, 소금 0.1g, 참기름 0.1g
깨(흰깨) 0.03g, 깨소금 0.02g

1인 1회 섭취분량 | **50ml**

에너지	탄수화물	단백질	지질	비타민 A	비타민 B_2	비타민 C
24kcal	5.0g	1.0g	0.4g	8.8㎍RE	0mg	16.3mg
나트륨	**식이섬유**	**칼슘**	**콜레스테롤**	**소금**	**인**	**철**
117.3mg (5.9%)	1.3g (5.4%)	29.0mg (4.1%)	0mg (0%)	0.3g	27.8mg	0.8mg

시금치나물

무침 · 나물류

종지 3
용기크기(단위 : cm) 13.9 / 2.5

시금치 44.2g, 간장 1.2g, 마늘 0.5g, 참기름 0.4g, 파 0.3g
깨(흰깨) 0.3g, 소금 0.1g

1인 1회 섭취분량 | **50ml**

에너지	탄수화물	단백질	지질	비타민 A	비타민 B2	비타민 C
20kcal	2.9g	1.5g	0.8g	268.8μgRE	0.2mg	26.7mg
나트륨	**식이섬유**	**칼슘**	**콜레스테롤**	**소금**	**인**	**철**
148.6mg (7.4%)	1.2g (4.9%)	21.4mg (3.1%)	0mg (0%)	0.4g	17.2mg	1.2mg

무침·나물류

취나물

종지 3
용기크기(단위 : cm)

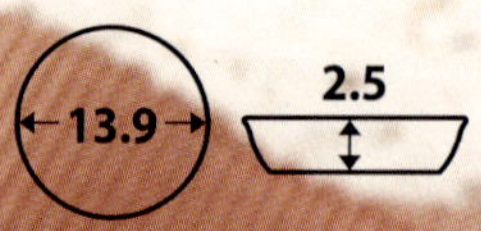

취나물(삶은 것) 34.7g, 간장 0.8g, 파 0.6g, 마늘 0.5g, 참기름 0.4g, 깨(흰깨) 0.3g

1인 1회 섭취분량 | **50ml**

에너지	탄수화물	단백질	지질	비타민 A	비타민 B_2	비타민 C
14kcal	1.9g	1.2g	0.1g	118.6㎍RE	0mg	0.3mg
나트륨	**식이섬유**	**칼슘**	**콜레스테롤**	**소금**	**인**	**철**
62.6mg (3.1%)	–	20.5mg (2.9%)	0mg (0%)	0.2g	19.9mg	0.8mg

콩나물무침

무침·나물류

종지 3
용기크기(단위 : cm) 13.9 / 2.5

콩나물 40.3g, 파 0.7g, 마늘 0.4g, 소금 0.3g, 고춧가루 0.3g, 참기름 0.2g
깨(흰깨) 0.1g

1인 1회 섭취분량 | **50ml**

에너지	탄수화물	단백질	지질	비타민 A	비타민 B_2	비타민 C
16kcal	1.8g	2.1g	0.8g	9.9㎍RE	0mg	2.4mg
나트륨	**식이섬유**	**칼슘**	**콜레스테롤**	**소금**	**인**	**철**
96.9mg (4.8%)	1.4g (5.6%)	16.7mg (2.4%)	0mg (0%)	0.2g	28.8mg	0.6mg

무침·나물류

호박나물

종지 3
용기크기(단위 : cm)
13.9 / 2.5

애호박 41.7g, 양파 4.5g, 마늘 0.8g, 파 0.6g, 새우젓 0.3g, 콩기름 0.3g
소금 0.2g, 참기름 0.2g, 깨(흰깨) 0.1g, 고춧가루 0.1g

1인 1회 섭취분량 | 50ml

에너지	탄수화물	단백질	지질	비타민 A	비타민 B_2	비타민 C
18kcal	3.2g	0.7g	0.6g	13.8㎍RE	0mg	4.1mg

나트륨	식이섬유	칼슘	콜레스테롤	소금	인	철
98.1mg (4.9%)	0.7g (2.7%)	8.9mg (1.3%)	0mg (0%)	0.2g	22.2mg	0.2mg

Milk
Milk

김치·장아찌류

김치·장아찌류

갓김치

종지 3
용기크기(단위 : cm) 13.9 2.5

1인 1회 섭취분량 | **20g**

에너지	탄수화물	단백질	지질	비타민 A	비타민 B2	비타민 C
8kcal	1.7g	0.8g	0.2g	78μgRE	0mg	9.6mg

나트륨	식이섬유	칼슘	콜레스테롤	소금	인	철
182.2mg (9.1%)	0.8g (3.2%)	23.6mg (3.4%)	0mg (0%)	0.5g	12.8mg	0.3mg

깍두기

종지 3
용기크기(단위 : cm) 13.9 / 2.5

김치·장아찌류

1인 1회 섭취분량 | **35g**

에너지	탄수화물	단백질	지질	비타민 A	비타민 B2	비타민 C
12kcal	2.6g	0.6g	0.1g	13.3μgRE	0mg	6.7mg

나트륨	식이섬유	칼슘	콜레스테롤	소금	인	철
208.6mg (10.4%)	1.0g (4.0%)	12.9mg (1.8%)	0mg (0%)	0.5g	14.0mg	0.1mg

김치·장아찌류

나박김치

종지 3
용기크기(단위 : cm) 13.9 / 2.5

1인 1회 섭취분량 | **95g**

에너지	탄수화물	단백질	지질	비타민 A	비타민 B2	비타민 C
9kcal	2.4g	0.8g	0.1g	73.2μgRE	0.1mg	9.5mg
나트륨	**식이섬유**	**칼슘**	**콜레스테롤**	**소금**	**인**	**철**
1193.2mg (59.7%)	1.5g (5.9%)	34.2mg (4.9%)	0mg (0%)	3.0g	6.7mg	0.1mg

동치미

종지 3
용기크기(단위 : cm) 13.9 / 2.5

1인 1회 섭취분량 | **95g**

에너지	탄수화물	단백질	지질	비타민 A	비타민 B_2	비타민 C
10kcal	2.8g	0.7g	0.1g	14.3㎍RE	0mg	8.6mg
나트륨	**식이섬유**	**칼슘**	**콜레스테롤**	**소금**	**인**	**철**
578.5mg (28.9%)	0.8g (3.0%)	17.1mg (2.4%)	0mg (0%)	1.5g	16.1mg	0.2mg

김치·장아찌류

배추김치

종지 3
용기크기(단위 : cm)

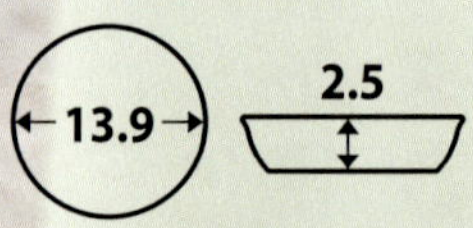

1인 1회 섭취분량 | **30g**

에너지	탄수화물	단백질	지질	비타민 A	비타민 B2	비타민 C
5kcal	1.2g	0.6g	0.2g	14.4㎍RE	0mg	4.2mg
나트륨	**식이섬유**	**칼슘**	**콜레스테롤**	**소금**	**인**	**철**
343.8mg (17.2%)	0.9g (3.6%)	14.1mg (2.0%)	0mg (0%)	0.9g	17.4mg	0.2mg

열무김치

종지 3
용기크기(단위 : cm) 13.9 2.5

1인 1회 섭취분량 | **35g**

에너지	탄수화물	단백질	지질	비타민 A	비타민 B2	비타민 C
13kcal	3g	1.1g	0.2g	208.3㎍RE	0.1mg	9.8mg

나트륨	식이섬유	칼슘	콜레스테롤	소금	인	철
217.7mg (10.9%)	1.2g (4.6%)	40.6mg (5.8%)	0mg (0%)	0.6g	17.9mg	0.7mg

김치·장아찌류

열무물김치

종지 3
용기크기(단위 : cm)

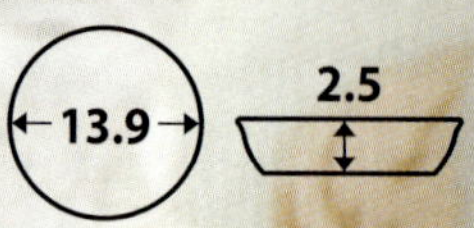

1인 1회 섭취분량 | **70g**

에너지	탄수화물	단백질	지질	비타민 A	비타민 B2	비타민 C
5kcal	1.3g	0.5g	0g	6.3μgRE	0mg	6.3mg
나트륨	**식이섬유**	**칼슘**	**콜레스테롤**	**소금**	**인**	**철**
376.6mg (18.8%)	–	28.0mg (4.0%)	0mg (0%)	1.0g	11.2mg	0.6mg

오이소박이

종지 3
용기크기(단위 : cm) 13.9 / 2.5

김치·장아찌류

1인 1회 섭취분량 | **30g**

에너지	탄수화물	단백질	지질	비타민 A	비타민 B_2	비타민 C
5kcal	1.2g	0.5g	0.1g	31.8㎍RE	0mg	3.9mg

나트륨	식이섬유	칼슘	콜레스테롤	소금	인	철
182.1mg (9.1%)	0.8g (3.0%)	13.2mg (1.9%)	0mg (0%)	0.5g	16.2mg	0.1mg

김치·장아찌류

총각김치

종지 3
용기크기(단위 : cm) 13.9 / 2.5

1인 1회 섭취분량 | **35g**

에너지	탄수화물	단백질	지질	비타민 A	비타민 B_2	비타민 C
15kcal	3.0g	0.9g	0.2g	44.5μgRE	0mg	7.0mg

나트륨	식이섬유	칼슘	콜레스테롤	소금	인	철
1210.7mg (60.5%)	1.0g (4.0%)	14.7mg (2.1%)	0mg (0%)	3.1g	7.3mg	0.1mg

파김치

종지 3
용기크기(단위 : cm) 13.9 / 2.5

김치·장아찌류

1인 1회 섭취분량 | **30g**

에너지	탄수화물	단백질	지질	비타민 A	비타민 B_2	비타민 C
16kcal	3.5g	1.0g	0.2g	105.6㎍RE	0mg	5.7mg

나트륨	식이섬유	칼슘	콜레스테롤	소금	인	철
262.8mg (13.1%)	1.5g (6.1%)	21.0mg (3.0%)	0mg (0%)	0.7g	16.5mg	0.3mg

고추장아찌

김치·장아찌류

종지 3
용기크기(단위 : cm) 13.9 2.5

1인 1회 섭취분량 | **8g**

에너지	탄수화물	단백질	지질	비타민 A	비타민 B_2	비타민 C
4kcal	1.2g	0.3g	0.1g	25.8㎍RE	0mg	0mg

나트륨	식이섬유	칼슘	콜레스테롤	소금	인	철
153.8mg (7.7%)	–	2.8mg (0.4%)	0mg (0%)	0.4g	6.4mg	0.2mg

깻잎장아찌

김치·장아찌류

평면접시(대)
용기크기(단위 : cm)

지름 17, 높이 1.5

깻잎 11.2g, 간장 2g, 마늘 0.9g, 파 0.7g, 고춧가루 0.4g

1인 1회 섭취분량 | **65ml**

에너지	탄수화물	단백질	지질	비타민 A	비타민 B2	비타민 C
7kcal	1.5g	0.7g	0.1g	184.6μgRE	0.1mg	1.9mg

나트륨	식이섬유	칼슘	콜레스테롤	소금	인	철
114.4mg (5.7%)	0.7g (2.9%)	25.2mg (3.6%)	0mg (0%)	0.3g	13.6mg	0.4mg

김치·장아찌류

간장게장

종지 2
용기크기(단위 : cm) ↔11.4 ↕2.1

게 9.5g, 양파 1.9g, 간장 0.9g, 마늘 0.3g, 설탕 0.2g, 파 0.1g, 생강 0.1g, 후추 0.02g

1인 1회 섭취분량 | **15ml**

에너지	탄수화물	단백질	지질	비타민 A	비타민 B_2	비타민 C
9kcal	0.7g	1.4g	0.1g	0.2μgRE	0mg	0.3mg
나트륨	**식이섬유**	**칼슘**	**콜레스테롤**	**소금**	**인**	**철**
92.6mg (4.6%)	0.1g (0.2%)	12.1mg (1.7%)	7.5mg (2.5%)	0.2g	19.8mg	0.3mg

마늘장아찌

김치·장아찌류

종지 2
용기크기(단위 : cm)

11.4 / 2.1

마늘장아찌 4.3g

1인 1회 섭취분량 | **6ml**

에너지	탄수화물	단백질	지질	비타민 A	비타민 B2	비타민 C
2kcal	0.5g	0.2g	0g	0μgRE	0mg	0mg

나트륨	식이섬유	칼슘	콜레스테롤	소금	인	철
97.0mg (4.8%)	–	1.4mg (0.2%)	0mg (0%)	0.2g	4.7mg	0mg

무장아찌

종지 2
용기크기(단위 : cm) 11.4 / 2.1

무 14.7g, 간장 1g, 설탕 0.7g, 파 0.7g, 참기름 0.6g, 마늘 0.5g, 고춧가루 0.4g
깨소금 0.2g

1인 1회 섭취분량 | **15ml**

에너지	탄수화물	단백질	지질	비타민 A	비타민 B_2	비타민 C
15kcal	1.9g	0.3g	0.8g	16.6μgRE	0mg	2.6mg
나트륨	**식이섬유**	**칼슘**	**콜레스테롤**	**소금**	**인**	**철**
57.8mg (2.9%)	–	7.9mg (1.1%)	0mg (0%)	0.1g	8.4mg	0.2mg

314 보쌈

기타류

기타류

보쌈

평면접시(특대)
용기크기(단위 : cm)

18.8 / 1.7

돼지고기 64.4g, 배추 46.3g, 무 28.3g, 굴 17g, 새우젓 5.7g, 된장 5g
마늘 2.9g, 소금 2.8g, 고춧가루 2.8g, 파 1.9g, 깨(흰깨) 0.6g, 참기름 0.6g, 생강 0.3g

1인 1회 섭취분량 | **100ml**

에너지	탄수화물	단백질	지질	비타민 A	비타민 B_2	비타민 C
131kcal	7.1g	18.3g	3.7g	113.5μgRE	0.3mg	16.2mg

나트륨	식이섬유	칼슘	콜레스테롤	소금	인	철
1670.7mg (83.5%)	2.6g (10.6%)	75.4mg (10.8%)	50.6mg (16.9%)	4.2g	178.9mg	2.7mg

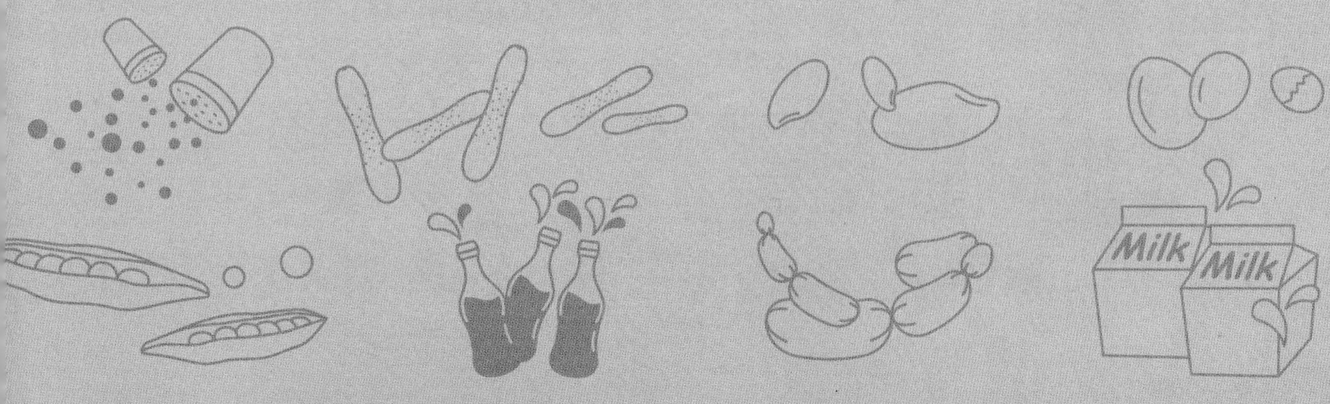
Milk
Milk

접시종류 (단위 : cm)

밥그릇 (부피 300ml)

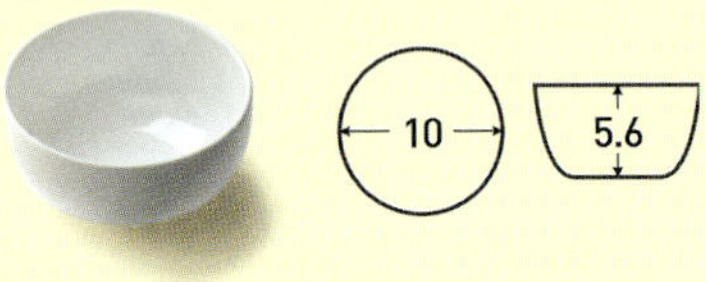

대접 1 (부피 450ml)

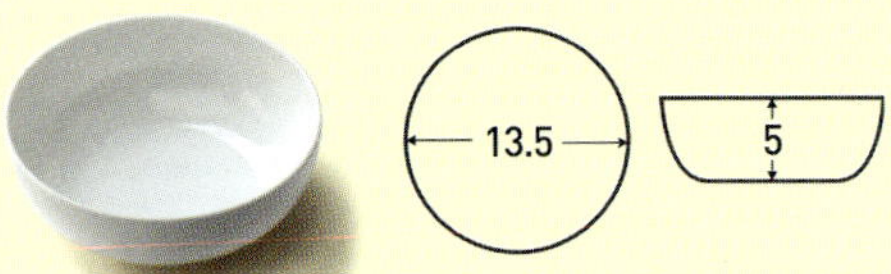

대접 2 (부피 500ml)

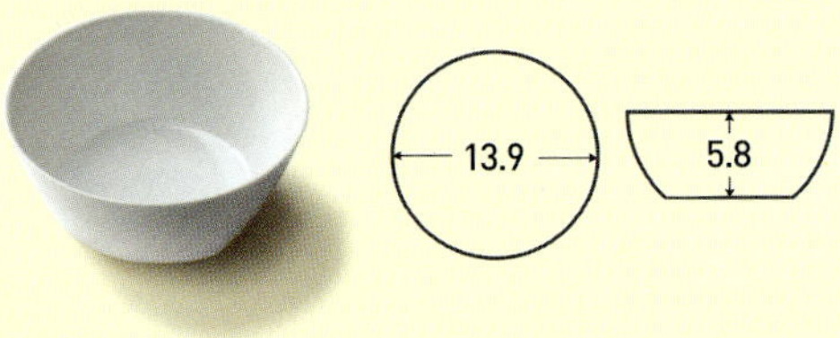

면대접 (부피 900ml)

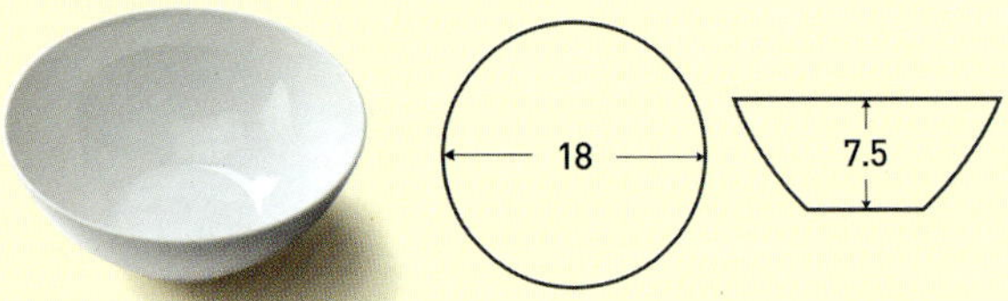

평면접시(소)

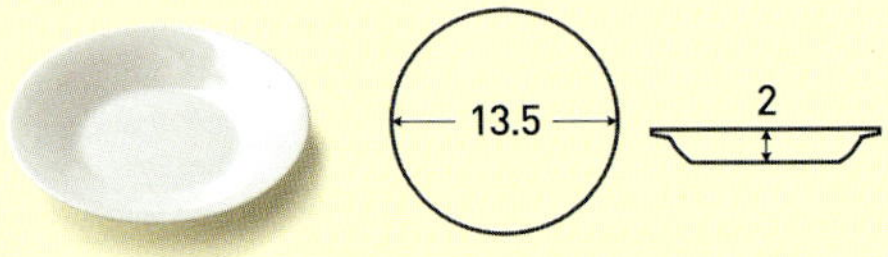

평면접시(중)

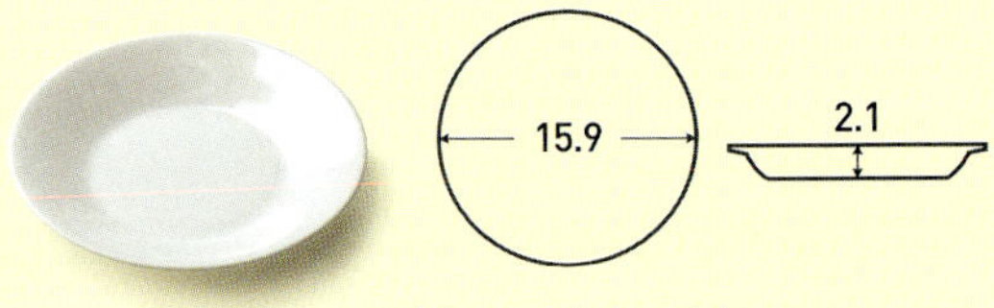

평면접시(대)

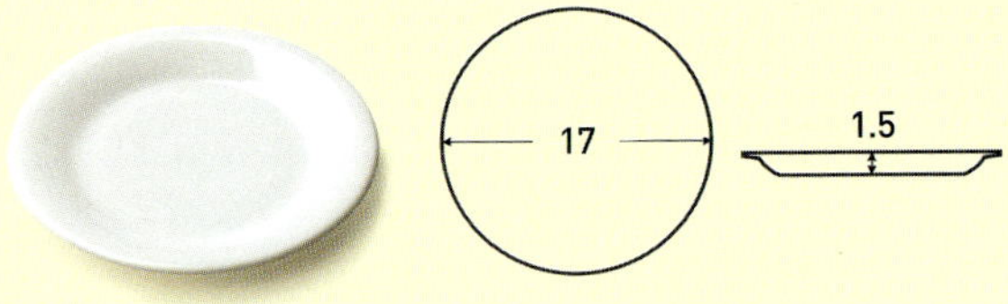

평면접시(특대)

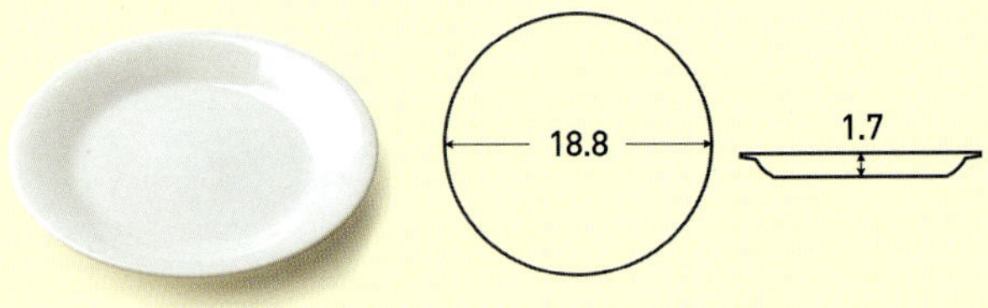

종지 1 (부피 50ml)

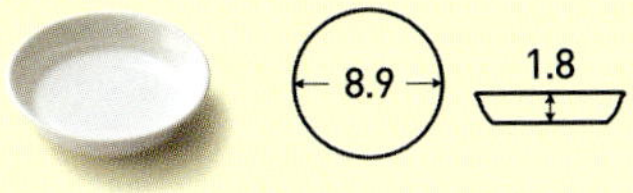

종지 2 (부피 150ml)

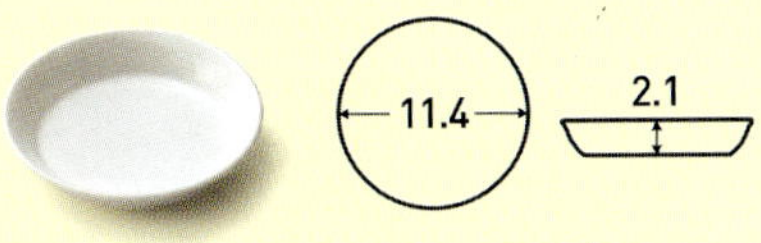

종지 3 (부피 250ml)

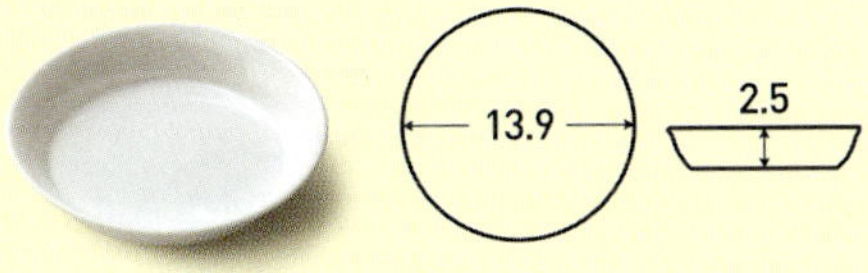

종지 4 (부피 300ml)

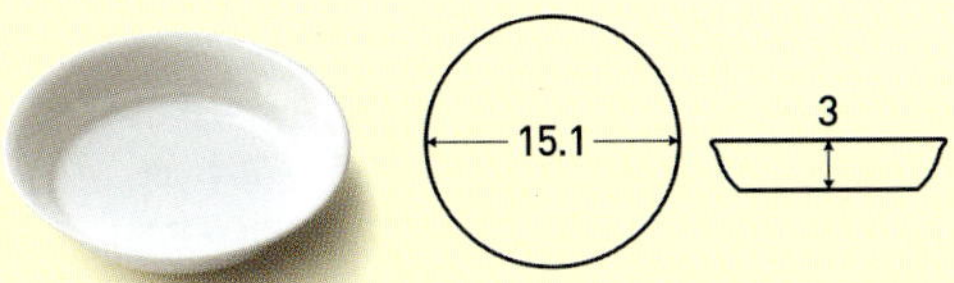

소주잔 (부피 60ml)

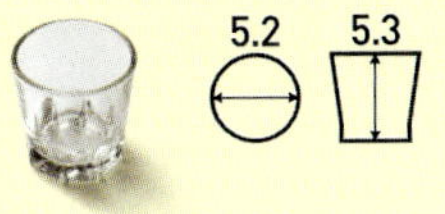

맥주잔 (부피 530ml)

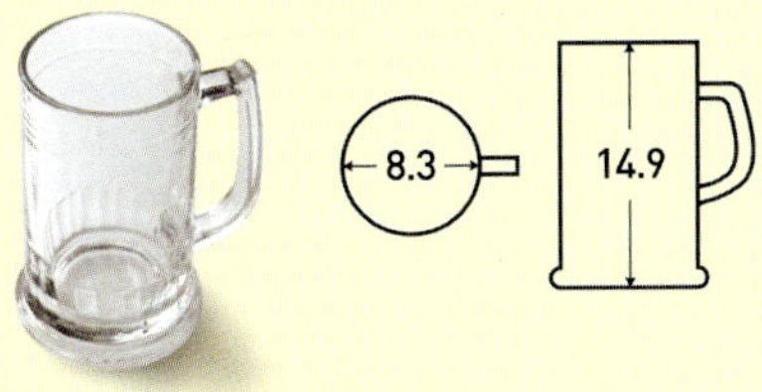

커피잔 (부피 275ml)

계량스푼

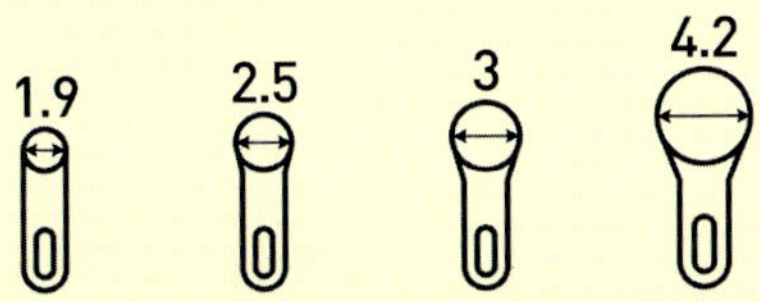

1/4티스푼 (1.25ml) 1/2티스푼 (2.5ml) 1티스푼 (5ml) 1테이블스푼 (25ml)

찾아보기

ㅅ

ㅇ

ㅈ

ㅊ

ㅋ

ㅌ

ㅍ

ㅎ

실물로 보는 실버세대 영양길잡이

실물로 보는 실버세대 영양길잡이

인쇄일 2010년 12월 28일
발행일 2010년 12월 30일

발행인 농촌진흥청 국립농업과학원장 정광용
편집인 농촌진흥청 국립농업과학원 농식품자원부장 이상범
공동기획(편집) 농촌진흥청(김소영, 김세나, 조영숙, 박홍주, 김재현)
김숙배(전북대), 김미현(강원대), 김순경(순천향대)
대한지역사회영양학회

사진촬영 김준구(보브 스튜디오)
편집디자인 김부티
푸드스타일링 양희완(강원랜드 조리팀)
감수위원 이혜상(안동대), 최미경(공주대)
발행처 농촌진흥청 국립농업과학원 농식품자원부 기능성식품과
(441-853) 경기도 수원시 권선구 녹지로 160
(Tel : 031-299-0510~3, Fax : 031-299-0504)

인쇄 · 배부처 ㈜교 문 사 (031-955-6111)

ISBN 978-89-363-1099-8(93590)

값 17,000원